纺织染料降解催化剂

米立伟　卫武涛　著

中国纺织出版社有限公司

内 容 提 要

本书全面系统地介绍了 MOF 诱导法、泡沫铜原位构筑法、离子置换法、生物质原位构筑法及双功能催化剂构筑法在铜基类芬顿催化剂制备领域的工艺实例；详细介绍了新型类芬顿催化剂的制备新技术，将基础科研与科技前沿相结合，能够吸引读者的兴趣和开拓读者的知识面。

本书可作为高等院校师生专业教材及科技读本，也可作为印染行业及催化剂领域技术人员的参考资料。

图书在版编目(CIP)数据

纺织染料降解催化剂/米立伟，卫武涛著.--北京：中国纺织出版社有限公司，2019.11

ISBN 978-7-5180-6393-2

Ⅰ.①纺… Ⅱ.①米… ②卫… Ⅲ.①染料—降解—催化剂—研究 Ⅳ.①TQ610.4

中国版本图书馆 CIP 数据核字(2019)第 156563 号

策划编辑：李泽华　　责任编辑：陈怡晓
责任校对：高　涵　　责任印制：何　建

中国纺织出版社有限公司出版发行
地址：北京市朝阳区百子湾东里 A407 号楼　邮政编码：100124
销售电话：010—67004422　传真：010—87155801
http://www.c-textilep.com
中国纺织出版社天猫旗舰店
官方微博 http://weibo.com/2119887771
三河市宏盛印务有限公司印刷　各地新华书店经销
2019 年 11 月第 1 版第 1 次印刷
开本：710×1000　1/16　印张：9.75
字数：127 千字　定价：88.00 元

前 言

印染行业，又称染整行业，是纺织品深加工和提高附加值的关键环节。印染行业处于纺织服装产业链的中间环节，为下游服装生产制造企业提供面料。印染业在提升纺织产业链价值方面起到重要作用，但其中每一个步骤都需要大量原辅料、化学试剂投入，也都会产生大量废水及污染物。而在我国环境问题日益严峻的当下，印染废水具有水量大、有机污染含量高、碱性大、水质变化大等缺点，属难处理的工业废水之一。因此，为了实现印染行业的可持续发展，开发高效的印染废料降解技术是实现这一目标的关键。

本书作者多年来以铜基化合物为研究对象，提出类芬顿降解技术，并将该技术应用于染料污水的降解处理，通过一系列研究，积累了大量的实验数据，在此基础上，提出 MOF 诱导制备技术、泡沫铜原位生长技术、离子置换法、生物质原位构筑及双功能催化剂协同构筑等策略，实现具有不同微纳米结构的类芬顿催化剂的可控制备，解决了催化剂回收和再生难的问题。本书研究了催化剂阴阳离子的改变及催化剂形貌结构对纺织染料的降解效率影响，开发出纺织染料降解新技术，对纺织染料降解的科研研究和纺织印染企业印染废水的资源化回收利用具有重要借鉴意义。

本书主要包括以下六方面内容。

一是介绍我国印染行业发展现状及印染污水通用的处理方法，包括物理化学处理法、化学处理法、生物处理法及类芬顿降解技术；并结合各种处理技术的优缺点，对类芬顿降解技术进行展望，有助于读者对印染行业及其废水处理技术进行全面了解。

二是提出利用 MOF 诱导制备具有均匀微纳米结构的过渡金属基类芬顿催化剂，考察不同金属化合物（如铜基、镍基、锰基、银基等）作为类芬顿催化剂对亚甲基蓝或罗丹明 B 染料的降解效果，最终通过对比总结得出铜基化合物在类芬顿技术方面表现出优异的性能。

三是提出原位生长技术，以具有三维网状结构的泡沫铜作为模板，将铜基化合物原位构筑在泡沫铜表面，通过调整阴阳离子比例和种类观察纺织染料的催化降解效果，并设计重复性实验，最终实现以多孔泡沫铜为支撑的大规模块状催化剂的可控制备，实现载体和催化剂的有机统一，解决粉末催化剂所面临的回收和再生困难的窘况，为推进类芬顿催化剂的工业化应用做出重要贡献。

四是提出利用离子置换方法，优化催化剂的组成，实现多元铜基催化剂可控制备；利用阴离子置换或阳离子置换，丰富母体材料中的阴离子或阳离子种类，实现不同元素之间的协同效应和优势互补，并研究不同离子对催化剂性能优化的作用机理，为多元高效催化剂的制备提出新技术。

五是为了进一步拓宽铜基类芬顿催化剂在印染产业中的实用性，并降低该系列催化剂的价格，提出生物质原位构筑铜基类芬顿催化剂策略，通过条件优化，将一系列具有不同元素组成的催化剂构筑在生物质材料的表面；此外，生物质材料廉价易得，具有良好的柔韧性和可塑性，能够结合印染工艺，设计出具有不同宏观结构和形状的类芬顿催化剂。该部分研究有效拓宽铜基类芬顿催化剂的普适性。

六是结合类芬顿催化剂和光催化剂的催化机制，提出了通过异质结的构筑，制备同时具备类芬顿催化作用和光催化作用的双功能催化剂，以发挥两者的优势互补和协同效应，丰富纺织染料降解催化的种类，满足不同印染企业对降解技术的不同种需求。

本书内容主要总结米立伟课题组近年来在纺织染料降解催化剂领域的研究进展，特别感谢参与该部分研究工作的李珍、陈园方、万梦丽和卢殷等同学。全书由米立伟和卫武涛编写、统稿。

在本书编写过程中，还参考了近年来染整技术、催化剂原理等传统教学内容、国内外相关专著以及一些文献资料，在此向各位作者一并致以诚挚的谢意，衷心感谢国内外同仁在纺织染料降解催化剂方面所做的工作。

本书得到中原工学院学术专著出版基金资助，在此表示由衷的感谢。

我们尽最大努力去完成本书，但是由于水平有限，书中不当之处在所难免，敬请广大读者批评指正。

著者

2019年7月

目 录

第1章　引言

印染又称为染整，是前处理、染色、印花、后整理、洗水等的总称。近几年，我国把印染行业的技术改造列入纺织行业重点支持的行业之一，同时在技术开发和科技攻关方面也给予了相应政策支持，使我国印染行业在质量、品种、效益等方面得到很大改善，整体竞争力有所提高。

2018年上半年，印染行业在产量增速大幅回落情况下，运行质量保持相对稳定，其中规模以上印染企业印染布产量224.99亿米，同比减少17.2%，增速较2017年同期回落23.3%。在国家产业政策引导、环保趋严、行业转型升级、市场需求等多重因素的作用和影响下，印染布产量及其增速均为“十二五”以来新低。“绿色突围”成印染企业亟待解决问题之一。

1.1　我国印染行业发展简介

我国对纺织品进行染色和整理加工已有悠久的历史。在旧石器时代晚期我国已经有有关染色的记载。北京周口店山顶洞遗址，曾发现赤铁矿（赭石）粉末和涂染成赤色的石珠、鱼骨等装饰品。新石器时代的涂彩更多。浙江余姚河姆渡遗址出土酒器和西安半坡遗址出土的彩陶上，有红、白、黑、褐、橙等多种色彩。当时所用的颜料，大都是矿石研成的粉末。除粉状赭石外，青海乐都柳湾墓地还发现朱砂。山西夏县西阴村遗址发现彩绘和研磨矿石等工具。这些矿石的粉末，曾用于纺织品着色。

夏代至战国期间，矿物颜料品种增多，植物染料也逐渐出现，染色和绘画已被用于生产多彩色织物。根据《周礼》记载，周代已设置掌染草、染人、画、绘等专业机构，分工主管生产。这一事实证明染色工艺体系已经形成。

秦汉时期设有平准令，主管官营染色手工业中的练染生产。所用的颜料除多种矿物颜料外，出现了用化学方法人工炼制的红色银朱，这是我国最早出现的化学颜料。染料植物的种植面积和品种不断扩大，植物染料的炼制到南北朝时已经完备，可供常年存储使用。隋唐时期，在少府监下设有织染署，所属的练染工作中已普遍使用植物染料，印花的缬类织物盛行，工艺也不断创新。宋代由于缬帛用于军需，官营练染机构进一步扩充，在少府监下建立文思院，内侍省设置造作所。明清除在南北两京设立织染局外，在江南还设有靛蓝所供应染料；同时还发展猪胰等物质精练布帛，这是我国利用生物酶的先驱。

19 世纪中叶以后，我国的染坊仍然处于手工业状态。20 世纪初，随着国外印染机械和化学染料的发展，国内的练染业也逐渐使用进口的机械染整设备，并广泛应用化学染料和助剂。30 年代后，开始自造部分染整设备和染料。抗日战争时期，由于内地染整业不能正常生产，上海地区的染整工业畸形发展。抗日战争结束后，当时的政府接管了日本在华的印染厂，作为我国纺织建设公司的组成部分。中华人民共和国成立以后，逐步把我国原纺织建设公司所属各印染厂和许多私营印染厂改造成为国有企业，先后在全国各地新建和扩建了大批印染厂，并以科研、革新与引进国外先进技术相结合，不断提高练漂、印染、整理工艺的技术水平。

1.1.1 练漂工艺技术

丝绸精练是我国最早的丝帛精练工艺，是《考工记》记载的周代�氏涚练法。利用草木灰或蜃（即贝壳）灰液内所含碳酸盐类的碱性，对丝绸交替涚晒 7 昼夜，以达到脱胶精练的目的。湖南长沙子弹库出土的楚国帛书等文物着色良好，说明战国时期的丝绸精练效果已经比较完美。秦汉以来，根据西汉班婕妤的《捣练赋》所述，丝绸精练已进展到利用砧杵的机械作用和草木灰的化学作用相结合的捣练法，以提高生丝的脱胶效率，缩短工艺时间。长沙马王堆汉墓出土丝绸的均匀色光，可以说明当时精练工艺的水平。隋唐时期，官营练染作坊规模宏大。《唐六典》记载：练染作坊有 6 类，其中“白作”就是专业的捣练作坊。张萱的《捣练图》描绘了当时的情景，民间捣练也极为普遍。捣练在宋元时期又有发展，据元代王祯《农书》记述已改用卧杵，工人面对面坐着捣练，提高了劳动生产率。明代《多能鄙事》洗练篇记载，丝绸精练分为两步：初练用草木灰汤，复练用猪胰汤或瓜蒌汤。这种用动物或植物内的生物酶使生丝脱胶，是当时丝绸精练中的一项创造。清代《蚕桑萃编》中记载了半练法，也就是部分脱胶，以使丝质保持必要的强度；在选择练染用水方面，也积累了丰富的经验，使练染后的质量更趋完美。

20 世纪初，由于国外化学原材料和棉纱、棉布丝光技术的发展，我国的丝绸精练也逐步改用平幅精练。1918 年，采用近代技术的上海精练厂开办；1926 年，上海大昌精练染色公司（厂）投入生产。在这些工厂中，采用在练槽内加入纯碱和肥皂等精练剂液，由蒸汽升温，平幅悬挂煮练，制品质熟而富有光泽，外观优美。近代的练染机械化生产逐步取代手工业生产。

1.1.2 麻制品练漂

麻制品的精练也是从草木灰、蜃灰和石灰等浓碱液涚练逐渐发展为结合椎捣法。湖北江陵凤凰山西汉墓出土的麻絮制品，可以说明当时沤练工艺的成就。宋元时期更发展了漂白法。元代王祯《农书》记述，采用反复交替的半浸半晒法，既能去除杂质，并可借日光破坏色素，增加自然白度。宋代《格物麤谈》还记载，湿态的葛布可用硫黄熏白。这种利用初生态氢的还原作用，是我国较早的化学漂白法。近代的麻制品练漂，仍用浓碱液沤练，结合草地晒漂或露漂等方式，沤练剂有石灰或烧碱等。

1.1.3 棉制品练漂

关于棉制品练漂历史上未见专门记载，由后代的传统工艺推断其发展过程与丝绸精练基本相似。清代在江南地区，曾利用黄浆水（制面筋脚水）发酵液中的生物酶等作用，结合木杵捣练，使棉织物取得自然白度和柔软手感等精练效果。20世纪以来，棉制品练漂逐渐由手工操作演变为用蒸汽的机械化精练，陆续建立烧毛、退浆、高压煮练、丝光和漂白等工序，并采用纯碱、烧碱和漂白粉等助剂。

1.1.4 印染工艺技术

1.1.4.1 颜料和染料

商周时期已利用彩色矿石研磨成粉状颜料，涂染服饰。《周礼》等记载，周代已有赭石、朱砂、空青等颜料品种。朱砂的色光鲜艳，是当时的高贵色彩；植物染料称为染草，有蓝草、茜草、紫草和皂斗等。春秋战国时期，纺织品的色谱已基本齐全，紫色是齐国极为普遍的服用色彩，皂斗是主要的黑色染料，后代沿用极广。秦汉以来，色谱继续扩展。由长沙马王堆汉墓出土纺织品可见，矿物颜料绢云母和硫化铅等已经应用。用化学方法炼制的银朱、胡粉以及松烟制墨等手工业先后成熟，发展迅速。染料植物种植面积扩大，应用普遍。北魏《齐民要术》记载，当时已创造了制备染料的“杀红花法”和“造靛法”，植物染料经提炼后可长期储存使用。隋唐时期，纺织品的染色普遍采用植物染料。明清时期，我国所产的冻绿已闻名国外，被称为“中国绿”。我国所产的矿物颜料和植物染料，可适用丝、麻、毛、棉等纤维，历代相沿使用。自1902年化学染料输入后，由于色光和坚牢度都有一定优势，逐渐为各染坊所采用。到1922年，山东济南裕兴化学颜料厂开办，1934年上海大中染料厂和中孚染料厂也相继建成，生产硫化染料，自此国产化学合成染料逐渐供应市场。

1.1.4.2 染色

商周时期，纺织品的矿物颜料染色称为石染，植物染料染色称为草木染。染色的工具，相传有染缸和染棒。根据颜料和染料的特性，分别采用胶黏剂和媒染剂，建立了套染、媒染以及草石并用等染色工艺。到战国时期，工艺体系已较完整。西汉以后，矿物颜料染色的织物已逐渐少见。从长沙马王堆汉墓出土的染色丝织品看来，用栀子染成光泽鲜艳的金黄色，用茜草媒染色调和谐的深红色，靛蓝还原染色等技术均已成熟，还运用复色套染，获得棕藏青和黑藏青等深暖色调。隋唐的官营染色业更为发达，《唐六典》记载，按青、绛、黄、白、皂、紫等色彩，专业分工生产。明代《多能鄙事》和《天工开物》记述，当时已应用同浴拼色工艺，依次以不同的染料或媒染剂浸染，以染得明暗色调。在靛蓝还原染色方面，还利用碱性浓淡和温差，使还原后的色光各具特色。清代的染坊一部分已采用染灶、染釜，以适应升温和加速工艺流程。有关染色的色谱和色名，由天然色彩的纵横配合发展至数百种之多。20 世纪以来，我国开始建立机械染色工业。1912 年，上海开办启明染织厂，生产各色丝光纱线；次年，上海达丰染织厂开工，机械练染设备规模较大，其染整部的产品于 1920 年正式投入市场。此后，上海、无锡、天津等地的机械染整厂陆续诞生，大批量生产漂布和色布。

1.1.4.3 印花

商周时期，帝王贵族的花色服饰，是通过画绘方式增加色彩，并以不同的花纹代表其社会地位的尊卑。《周礼·天官》中内司服所掌管的袆衣，就是画绘并用的花色制品。画绘的构成和工艺的复杂性，使产品难以复制，所以只能单件生产，到战国时期，逐渐演变为型版印花制品。秦汉时期，型版印花技术继续发展，由长沙马王堆汉墓出土的丝绸印花纱可以看出，用颜料的直接印花制品已有相当水平。缬类花色制品也开始发展，根据新疆民丰县汉墓出土的蜡染花布、吐鲁番阿斯塔那出土的绞缬绸以及于田屋于来克出土的蓝白花布等文物，说明在东汉时期，蜡绘防染的蜡缬已较成熟。到东晋，扎结防染的绞缬绸已经大批生产。北朝时，蓝白花布已经运用镂空版防染。因此在南北朝时期，各种蓝地白花的花色织物，已成为民间不分贵贱的常用服饰。隋唐是缬类服饰的最盛时期，制版工艺和印制技术逐步革新，制品花形复杂，套色繁多。新疆吐鲁番出土的唐代褐地绿白双色印花绢等，是具有代表性的制品。唐代“开元礼”制度规定用特定夹缬，“置为行军之号，又为卫士之衣”。宋初仍沿唐制，后即禁止民间服饰采用缬帛和贩卖缬版，阻碍了缬类技术的进展，到南宋时才解禁。蜡缬在西南民族地区也颇流行，但绞缬几乎失传，只有夹缬中的型版印花是一脉相承，并且还继续发展了印金、描金、贴金等工艺。在福州南宋墓出土的纺织品中，在衣袍上普遍镶有绚丽多彩、金光闪烁的印花花边制品。明清的型版制作更为精巧，维吾尔族还创制了印花木戳和木滚。《木棉谱》记载，清代型版印花工艺，已分为刷印花和刮印花两种。20 世纪初，手工印花已逐渐改用纸质或胶皮镂空型版，灰印坊用灰浆防染法生产蓝白印花产品，彩印坊应用水印法生产多彩色制品。1919 年，我国机器印花厂在上海创办，开始用机械设备印花；1920 年，上海印染公司（厂）成立，此后，大部分棉布印花制品，已由连续运转的滚筒印花机大量生产。

1.1.5　整理工艺技术

1.1.5.1　研光整理

我国在汉代以前，已经对织物进行整理加工。其一是利用熨斗熨烫，使织物表面平挺而富有光泽；其二是利用石块的光滑面，在织物上进行压碾研光。1982年，湖北江陵马山战国墓出土丝织品中的一部分绢类织物，表面均富有特殊光泽。1972年，湖南长沙马王堆一号汉墓出土的一块灰色加工麻布，表面也富有光泽，都是经过研光的制品。研光古代称为砑。研光整理历代沿行，明清时期，随着棉织物的发展，使用广泛。明代《天工开物》记载，可先浆后辗，使布面更加平整光洁，工艺操作也由辗而演进为踹。清代《木棉谱》记载，已采用重约四五百至千斤的元宝型踹石，由染坊或布坊从事生产，名为踹布，加工后布面光洁，很适于风大沙多的西北地区作为衣料。自近代染整机械发展后，研光整理工艺逐渐被淘汰。1925年以后，在天津等地区的染坊中，一部分已改用机器轧光；至1932年，上海光华公记轧光整理厂成立，采用设备较为完美的滚筒轧光机，连续轧制色布或竹布等品种，制品外观美好，光泽匀净。

1.1.5.2　涂层整理

涂层是防护性的整理方法之一。由陕西省西安市长安区西周墓出土文物可知，早在春秋时期我国已利用漆液在编织物上进行涂层。西汉以来，用漆液和荏油加工而成的漆布、漆纱和油缇帐等用品，均具有御雨蔽日的功效。《隋书》记载："炀帝渡江遇雨，左右进油衣"，是历史上较早的关于防雨服装的记载。宋元时期，宽幅的油缯已经生产。明清时期的涂层制品更为精致，彩色的油绸、油绢以及用这些织物制成的油衣、油伞等品种，都是当时上等防雨用品。涂层技术近代应用普遍。

1.1.5.3　薯莨整理

薯莨又称赭魁，块茎含有红色的儿茶酚类鞣质，遇铁媒能生成黑色沉淀，古代曾利用薯莨的汁液，在织物上作特殊的一浴法染色整理。薯莨整理历史悠久，由广州大刀山的出土文物可知，我国远在东晋时期已用薯莨整理麻织物。北宋曾用于染皮制靴。明代《广东新语》记载：沿海渔民用以染整渔网，处理罾布。清代应用最为广泛，除染整葛布作汗衫外，更发展到用于丝绸类织物，制品名为莨纱。染整后的纱罗织物，仍能保持组织孔隙，正面黑色，反面红棕色，具有凉爽、耐汗、易洗、快干等优点，很适于夏季或炎热地区和水上作业人员使用。薯莨整理属于手工艺技术，近代仍在使用。

1.2 我国印染行业发展现状

作为高污染产业，印染行业在生产过程中会产生大量高色度、成分复杂的废水，例如废水内含有一定数量的染料、染浆、油剂等物质，这些物质难以被微生物降解，对生态环境带来极为恶劣的影响。

当前，受国内外市场需求不足、贸易摩擦、成本上涨、融资困难、节能减排压力大等诸多因素影响，印染企业成本压力不断加大。特别是环保形势依然严峻，近几年，我国相继出台《水污染防治行动计划》《印染行业规范条件》《“十三五”生态环境保护规范》《控制污染物排放许可制实施方案》《中华人民共和国环境保护税法》《重点流域水污染防治规划（2016~2020年）》《长江经济带生态环境保护规范》等环保政策，对印染行业节能减排提出更高要求，企业的环保投入和运行成本进一步增加。受环保地毯式大检查影响，山东、江浙、河南多省印染面临停产整治和搬迁改造，印染企业将经历一场大洗牌。今后，印染企业的集聚化发展将成为印染行业转型升级十分重要的一个方面。

2018年1~9月，印染行业规模以上企业产量、主营业务收入、利润等主要经济指标均保持增长，行业结构调整、转型升级继续深入推进，行业运行质效基本良好，盈利能力有所提升。其中，规模以上印染企业印染布产量357.00亿米，较2017年同期增长0.48%；三费比例7.31%，较2017年同期减小0.16个百分点；实现主营业务收入2121.09亿元，同比增长4.42%；实现利润总额96.30亿元，同比增长7.68%；出口交货值320.07亿元，同比减少2.43%；内销占比84.91%，较2017年同期下降1.94个百分点，内销增速有所放缓；亏损企业户数362家，亏损面21.21%，较2017年同期扩大5.08个百分点。亏损企业亏损总额15.38亿元，较2017年同期增加1.15%，亏损面为近年来同期最高。

近几年，随科技进步和经济发展，人们的着装理念发生了变化，更加注重环保、功能性和智能化，未来高性能、多功能面料市场潜力巨大。此外，欧美市场对纺织品的生态要求越来越高，日本等欧美以外的一些国家对产品的生态安全也越来越重视，对我国印染产品出口提出越来越高的要求，今后印染行业必须要立足市场需求，加快产品转型升级。

印染行业作为纺织工业污废排放、用能用水的主要环节，要主动承担起绿色发展的责任，践行责任导向的绿色产业定位，将环保压力下的被动转型变为责任意识下的主动提升。积极开发和应用低温少水、低盐低碱、高效流程短等清洁生产工艺，开发高效低成本“三废”治理及资源回收利用技术，降低生产消耗，减少污染排放，提高资源利用率，为实现行业绿色可持续发展提供基础和保障。

此外，智能制造对印染行业的转型升级越来越重要。一方面要加快推进工艺流程的自动化控制和智能化的物流输送，加大互联网、大数据、人工智能在印染行业的渗透力度，另一方面要完善并推广现有印染智能生产装备和 ERP、MES 等智能管理系统，引导更多印染企业向柔性化、智能化、精细化、高度集成化的生产模式转变；特别是深挖“智能+印染”的更多可能性，将智能技术逐步渗透到生产与管理的更多环节，为印染行业创造更多效率红利。

印染行业要想实现更高质量、更有效率、更可持续的发展，必须继续把握好材料应用、技术研究、工艺优化、产品开发的创新发展方向，通过技术变革实现质量变革、效率变革、动力变革，为新时期我国纺织工业发展提供新动能、开辟新路径、创造新优势。今后印染行业要强化创新驱动，实现新旧动能转换和行业高质量发展；要纵深行业发展，拓宽新型高效材料的应用研究领域；要践行责任使命，加大节能减排染整新工艺的创新力度；要把握时代机遇，促进智能制造技术与产业的渗透融合；要抢占市场高地，通过产品创新顺应消费需求、引领消费需要。

经济新常态下，对印染行业废水处理质量产生了更高的要求，为了有效弥补现阶段印染行业废水处理缺陷，提升废水处理效能，在分析我国印染行业废水处理现状的前提下，分析现阶段印染行业废水处理环节存在的主要问题，采取针对性的技术手段，稳步实现印染行业废水的科学高效处理。

1.3 印染污水通用处理方法

在我国经济飞速发展的过程中，“环保”这一主题已经越来越受人们关注，纺织工业发展主要阻碍之一是环保节能（低碳）问题，污染的主要来源是废水，而约80%的纺织废水来自于印染行业。我国是染料生产大国，能生产十一大类550多个品种的染料，据统计合成染料在生产和处理过程中，有12%以废水形式排出。该数据说明了我国印染废水排放问题十分严重，是迫切需要解决的问题之一。

我国目前在处理印染废水方面的技术方法有很多，综合来看，可以分为以下三类：物理化学处理法、化学处理法和生物处理法。

1.3.1 物理化学处理法

1.3.1.1 吸附法

在物理化学方法中，应用最多的是吸附法。该方法对分子量大的非极性染料具有较好的效果，具体是将多孔状的物质的粉末或颗粒与染料废水混合或废水通过由颗粒状物质组成的滤床，从而去除废水中的染料和助色剂等污染物质。该方法适用于低浓度的染料废水的处理，在实用方面具有经济适用的特点。但在处理过程中要控制好温度、pH 等因素，否则会对处理效果造成不利影响。

1.3.1.2 混凝法

我国纺织印染行业染色废水处理多采用混凝沉淀、气浮、砂滤等物化处理技术。对于废水中不溶或难溶的染料微粒，通常用絮凝方法使之沉降，絮凝沉降速度相当快，一级混凝装置基本满足工艺要求。但如不变更絮凝剂，二级、三级混凝有机物去除率就不会提高太多，第二、第三级污水净化程度就会下降，而运行费用却要成倍增加，处理效果不理想，经济上不划算。实际工程中，一些企业从原理、设备、工艺及工程各方面考虑，把常用的物化法和固体吸附剂吸附、萃取、汽提、蒸馏、高温深度氧化等化工工程物化法以及生物化学法组合起来应用，能收到一定效果，但方法复杂，生产运行管理困难，难以普遍推广采用。

1.3.1.3 膜分离法

膜分离技术主要用于印染废水处理，具有能耗低、工艺简单、不污染环境等特点，在废水的治理及回用中的应用越来越多。但是膜分离技术由于浓差极化、膜易受污染及的价格较贵、更换频率较快等原因，使处理成本较高，从而严重阻碍了膜分离技术更大规模的工业应用。因此，膜分离技术的主要发展点应为开发研制新型膜以及新型的膜处理设备或工艺。

1.3.1.4 高能物理处理法

水分子在高能束轰击作用下能发生激发和电离，生成离子、激发电子、次级电子，这些高活性粒子可使有害物质得到降解。该技术的优点是有机物的去除率高，设备占地面积小，操作简便；缺点是成本高、能耗大。

1.3.1.5 超声波气振法

超声波气振法通过控制超声波的频率和饱和气体来实现对印染废水的处理。废水经过气波振室时，由于一定频率的激烈振荡而导致部分有机物开键断裂成为小分子物质，在加速水分子的热运动下，絮凝剂迅速凝聚，废水中的色度、化学需氧量（COD）、苯胺等随之下降，从而起到降低废水中有机物浓度的作用。

1.3.2 化学处理法

1.3.2.1 化学氧化法

化学氧化法在印染废水处理中的主要原理是通过加入相关的氧化剂，利用这些氧化剂的化学性质，在一定的条件下和印染废水中的污染物进行化学反应，从而使这些污染物发生降解或者改变其内部结构，实现对印染废水的处理。这种方法往往被设置在印染废水处理工艺中的最后一个环节，作为一种深度处理方法，化学氧化法对印染废水的处理效果较好，经过化学氧化法处理过后的印染废水，其中的色度可以降到原来的 1/50 以下。但是由于化学氧化法本身的操作环节较为复杂，其中使用的设备较多，成本较高，在这样的情况下，在运行的过程中可能会出现相应的安全隐患，针对这种情况，操作人员用化学氧化法来对印染废水进行处理的过程中，需要严格按照相关的操作流程和标准来进行，保证操作的安全性和合理性。

化学氧化法是目前研究较为成熟的方法。氧化剂一般采用 Fenton 试剂（Fe^{2+}，H_2O_2）、臭氧、氯气、次氯酸钠等。一般按氧化剂的不同而将其分类。其中臭氧氧化法自20世纪60年代起就在饮用水、冷却水、游泳池水等方面得到广泛应用，近年来才开始应用于处理有机废水。Fenton 试剂法是一种经济的、相对简单的处理有机废水的方法，而且还可与其他方法结合使用，有着很好的应用前景。

1.3.2.2　电化学法

电化学法处理废水，实质上是直接或间接地利用电解作用，把水中的污染物质去除或把有毒物质转化为无毒或低毒物质。根据电极反应方式划分，电化学方法可细分为内电解法、电絮凝法、电气浮法、电氧化法以及微电解法。

电化学法具有设备小、占地少、运行管理简单、COD_{Cr}去除率高、脱色效果好等优点。但是沉淀生成量及电极材料消耗大，运行费用较高。

近年来电化学水处理技术得到了改进，在传统电化学法的基础上增加了氧化、催化氧化或光催化氧化作用，有效地突破了微电解技术的局限。在环境工程学上，将反应涉及水中羟基自由基的氧化过程都归为高级氧化过程，电化学方法将污水中的污染物直接氧化成无机物或易生物降解的中间产物，所以也可以称为高级氧化技术（AOT）中的一种技术方法，电化学方法的优点是能有效地去除污水中的有毒有害的有机物质，而且使用电能不会对环境造成污染和破坏，一般不需要考虑后处理，但缺点是处理效率可能过低从而造成能耗过大。近年来有一批科研工作者提出“电多相催化氧化”的方法，正是在电化学氧化上的突破，不过电极材料和催化剂等方面仍处于研究改进阶段。

1.3.3　生物处理法

1.3.3.1　好氧生物处理法

好氧生物处理法是在有氧条件下，利用好氧微生物（包括兼性微生物）的作用来去除印染废水中的有机物，分为生物膜法和活性污泥法。

生物膜法通过膜的高效截留作用，实现反应器水力停留时间（HRT）和污泥龄（SRT）的完全分离，运行控制更加灵活稳定；反应器在高容积负荷、低污泥负荷、长泥龄下运行，可基本实现无剩余污泥排放，降低了污泥处理费用；工艺设备集中，占地面积小；系统易于实现自动控制，操作管理方便。但是活性污泥法需要处理剩余污泥，且单一的好氧生物处理法只能去除废水中的易降解有机物，色度问题无法得到很好的解决。

1.3.3.2 厌氧生物处理法

厌氧生物处理法的主要原理是利用相关的厌氧细菌，在无氧的条件下，对印染废水中有机污染物进行处理，处理的产物一般为二氧化碳和甲烷，在处理的过程中，一般情况下可以分为两个阶段，第一个阶段为水解酸化阶段，另一个阶段为甲烷的发酵阶段，而厌氧细菌对于污染物的处理，往往集中在第一个阶段，通过厌氧生物处理法，可以有效地减少印染废水中的有机污染物，提高印染废水的可生化性，保证了废水的处理效果。

1.3.3.3 厌氧—好氧生物处理法

在印染废水的组成当中，存在有较多的不可降解污染物，在无氧的条件下，这些厌氧细菌不能完全地对这些污染物进行降解，因此在传统的好氧生物处理装置前增加厌氧（水解）处理，可以使印染废水中难降解染料分子及其助剂在厌氧菌的作用下水解、酸化而分解成小分子有机物，接着被好氧菌分解成无机小分子，从而提高传统流程的去除率。

厌氧—好氧法处理难生物降解的印染废水具有去除污染物效率高、适用范围广、运行稳定且费用低、耐冲击负荷能力较强等优点。但是针对印染废水中存在的大量难降解 COD_{Cr} 以及色度，单纯的生物法仍然不能完全有效的解决。

1.3.4 联合处理工艺

印染废水的组成成分较为复杂，如果在其中采用单一的处理方法，往往处理效果并不明显，所以说，在处理的过程中，需要根据印染废水的主要特点，采取多种处理方式相结合的方法，才能有效地提高印染废水的处理效果。

1.4 类芬顿催化降解染料污水

1894 年，科学家 Fenton 首次发现在酸性溶液中同时存在 Fe^{2+} 和 H_2O_2 可有效地降解酒石酸。为了纪念这位科学家，将酸性条件下同时使用 Fe^{2+} 与 H_2O_2 的体系称为芬顿体系。芬顿试剂最初仅被用于有机分析和有机合成反应等方面。直到 1964 年，Eisenhauer 首次将芬顿试剂用于烷基苯和苯酚废水的处理研究。目前公认的芬顿试剂氧化降解有机污染物的作用机理是 1934 年 Haber 和 Weiss 提出的自由基理论，即 Fe^{2+} 催化 H_2O_2 分解生成 $\cdot OH$。他们认为 $\cdot OH$ 是 Fenton 反应的中间体，可以将有机物分子最终变为小分子 CO_2 和 H_2O。其具体反应机理如下：

$$Fe^{2+} + H_2O_2 \longrightarrow Fe^{3+} + OH^- + \cdot OH \tag{1-1}$$

$$Fe^{2+} + \cdot OH \longrightarrow Fe^{3+} + OH^- \tag{1-2}$$

$$Fe^{3+} + H_2O_2 \longrightarrow Fe^{2+} + H^+ + \cdot OOH \tag{1-3}$$

$$H_2O_2 + \cdot OH \longrightarrow H_2O + \cdot OOH \quad (1\text{-}4)$$

$$Fe^{3+} + \cdot OOH \longrightarrow Fe^{2+} + H^+ + O_2 \quad (1\text{-}5)$$

$$RH + \cdot OH \longrightarrow R\cdot + H_2O \quad (1\text{-}6)$$

$$R\cdot + \cdot OH \longrightarrow ROH \quad (1\text{-}7)$$

之后，越来越多的研究者将芬顿试剂应用于工业有机废水的处理上。芬顿氧化技术的优点是氧化能力强、反应速度快、普适性高、操作过程简单、对环境友好。但是，它对 pH 的要求比较苛刻，需要在酸性条件（pH 在 3 左右）下进行。而且芬顿试剂的利用率不够高，反应过程中会产生大量铁泥，带来新的污染。鉴于传统芬顿处理技术在实际应用中存在的缺点，近年来，研究者们发现将芬顿试剂中的 Fe^{2+} 替换为其他催化材料，并利用固载法将催化剂固定在多孔模板表面，在处理有机废水时也能达到很好的效果，并能实现方便快捷的回收再利用，该方法被称为类芬顿氧化法。后续几章就针对不同的固载模板及技术对类芬顿催化降解染料污水技术进行介绍。

第 2 章　MOF 诱导制备形貌均一的类芬顿催化剂

2.1　以铜基配合物为前驱体大规模制备微米雪花状 Cu_2S 及催化性能研究

2.1.1　Cu_2S 特性

金属硫化物因其独特的物化性能，在催化、太阳能电池、光致变色、光电器件等领域具有广阔的应用。在众多的金属硫化物中，Cu_2S 是一种常用的半导体材料，其间接带隙为 1.21eV，在太阳能电池领域已经有很出色的应用前景。具有新颖微纳米结构的金属硫化物，能够提供较大的比表面积和较多的活性位点，与普通的块体材料相比，能够展现出更优越的性能。因此，近些年，研究人员通过固相合成法、溶液法、溶剂热法等策略可控构筑出了许多具有新颖结构和形貌的 Cu_2S 微纳米材料。其中溶剂热法在制备高纯、规则形貌及尺寸可控的微纳米材料方面表现突出，备受研究人员的青睐。在此领域，以铜基配合物和硫脲为原料，通过溶剂热法制备出自组装的微米雪花状 Cu_2S 材料。无水乙二胺和乙二醇被选为混合溶剂体系。此外，配合物的配位键键能比较高，使用配合物作为金属源可以限制金属离子与硫离子的反应速率，从而实现材料可控且均匀的制备。据我们所知，很少有直接用金属配合物作为金属源来诱导制备均匀硫化物的报道。

具有特殊结构的 Cu_2S 材料在太阳能电池、冷阴极、微纳米开关等领域已经有很出色的应用，但是很少被用作催化剂。因此，将制得的微米雪花状 Cu_2S 材料用作类芬顿催化剂，用于提升 H_2O_2 的分解速率，进而提升该体系降解染料污水的性能。

2.1.2　Cu_2S 的合成与制备

所有化合试剂和溶剂都可以在市场上购买得到，并按常规方法使用。

2.1.2.1　铜基配合物的制备

称取 10.0mmol 的三水合硝酸铜，溶解到 100mL 去离子水中。在磁力搅拌的过程中，将 20.0mmol 的 4-氯氨基苯磺酸和 10.0mmol 的碳酸钠加入到上述硝酸铜水溶液中。接着将 10.0mmol 的 4，4′-联吡啶溶解到 50mL 无水乙醇中，并将其缓慢加入上述混合溶液中，得到新的混合溶液，并将其在 80 ℃下静置 15min。然后过滤，将滤液在室温下静置几天，便得到蓝色晶体，其分子式为 $C_{42}H_{42}Cl_2N_8O_{10}S_2Cu$。

2.1.2.2　Cu_2S 的制备

Cu_2S 通过 MOF 诱导法制得。首先，将 0.25mmol 硫脲加入 14mL 无水乙二胺中，并在磁力搅拌下，将其逐滴加入到上述得到的铜基配合物的乙二醇溶液中（0.5mmol 铜基配合物，2mL 乙二醇），继续搅拌 2h。再将该混合液转移到 20mL 的反应釜中，在 160 ℃下反应 24h。反应釜冷却至室温后，将黑色产物用去离子水和乙醇多次离心洗涤，在 60 ℃真空干燥箱中干燥收集，便得到最终产物。

2.1.3　结果与讨论

图 2-1 为所制得 Cu_2S 的 XRD 曲线。几乎所有的衍射峰都可以与具有正交晶型的 Cu_2S（标准卡片编号为 09－0328）相匹配。其晶格参数为：a = 1.182nm（11.82Å），b = 2.705（27.05Å），c = 1.343（13.43Å）。因此所制备的材料具有高纯特性，大部分衍射峰都比较强，并且很尖锐，表明了所制备的 Cu_2S 材料具有高结晶性。

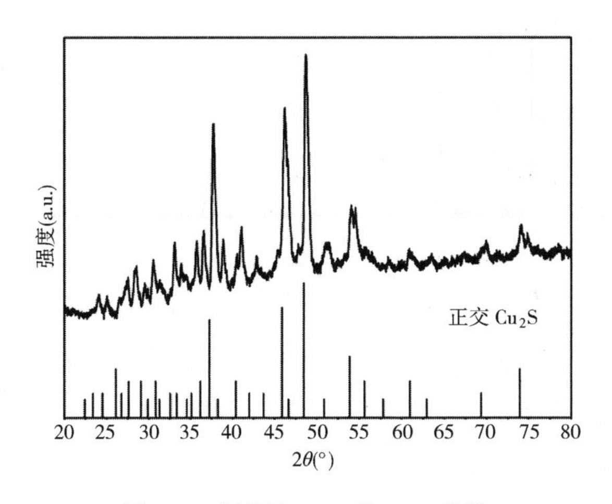

图 2-1　制得的 Cu_2S 的 XRD 曲线

图 2-2 为所制得 Cu_2S 产物的形貌图和 EDS 元素含量曲线。从图 2-2（a）中可以看出，我们所得到的 Cu_2S 形貌非常新颖，是由大小均匀的三维雪花状结构所构成，每个雪花状结构像花瓣一样从中心向四周延伸出六个角，从每个角一端到另一端的长度大约为 2μm。该结构每个角的厚度大约为 200nm。这些都证明了我们所用的这种简单、易操作的方法能够大量合成出分布均匀的雪花状 Cu_2S。图 2-2（b）显示的是所得到的Cu_2S的 X 射线能量色散图谱，从图中我们得到所得样品中的铜原子与硫原子的比例为66.97∶36.03，大致接近于2∶1，此结果与 XRD 中所得到的Cu_2S物相图一致，再次印证了所得样品为 Cu_2S。

图 2-2　Cu_2S 产物的形貌图和 EDS 元素含量曲线

（a）所制得 Cu_2S 材料的 SEM 图；（b）所制得 Cu_2S 材料的 EDS 曲线

在 H_2O_2 的协助下，将所制得的微米雪花状 Cu_2S 用作类芬顿催化剂，用于降解高浓度的亚甲基蓝溶液。在这个过程中，Cu_2S 中的 Cu^+ 能够促进 H_2O_2 快速分解，提高·OH 的生成速率，进而提高亚甲基蓝的分解速率。类芬顿催化机理简介如下：

$$Cu^+ + H_2O_2 \longrightarrow Cu^{2+} + OH^- + \cdot OH \tag{2-1}$$

$$Cu^{2+} + H_2O_2 \longrightarrow H^+ + Cu^+ + \cdot OOH \tag{2-2}$$

$$RH + \cdot OH \longrightarrow \cdot R + H_2O \tag{2-3}$$

用于降解效果评估的 Cu_2S 催化剂用量为 0.02g，降解对象为 100mL 的 100mg/L 亚甲基蓝水溶液，H_2O_2 加入量为 5mL。每 10min 取出上清液用紫外—可见分光光度计检测亚甲基蓝的特征峰。如图 2-3 所示，当降解 20min 时，降解率已达到 74.49%；100min 时，降解率达到 98.77%。在相同条件下降解 100mL 200mg/L 的亚甲基蓝水溶液时，3h 降解率就超过了 90%。在以往的文献报道中，通常用于降解实验的亚甲基蓝水溶液浓度为 5mg/L 或者 10mg/L。实验表明，微米雪花状的 Cu_2S，作为类芬顿催化剂表现出了卓越的性能。并且对比了，不加 H_2O_2 或者不加微米雪花状 Cu_2S 时的降解效率，其远远低于两者都存在时的效率。因此，进一步证明了微米雪花状 Cu_2S 非常适合作为类芬顿催化剂。

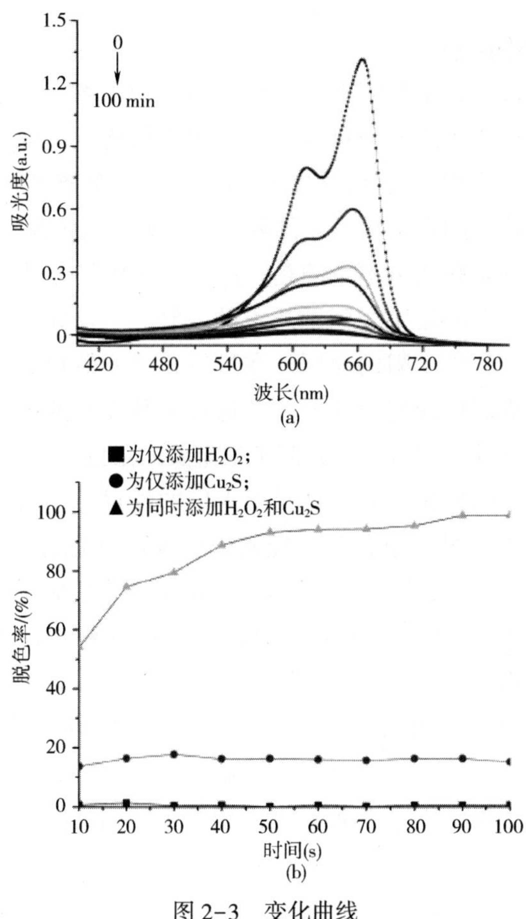

图 2-3　变化曲线

（a）利用微米雪花状 Cu2S 作为催化剂降解亚甲基蓝时紫外吸收光谱变化曲线；

（b）对比试验降解率随时间变化曲线

2.1.4　结论

以无水乙二胺和乙二醇为混合溶剂，基于硫脲和铜基配合物的简单反应成功制备出具有微米雪花状结构的 Cu_2S 类芬顿催化剂。铜基配合物是由硝酸铜、4-氯氨基苯磺酸、碳酸钠和 4，4′-联吡啶自组装而制得的。最终得到的微米雪花状 Cu_2S 催化剂，其形貌和尺寸均一，为制备具有特殊结构的 Cu_2S 微纳米材料提供了一条简单、可行的方法。所制得的微米雪花状 Cu_2S 用作高浓度亚甲基蓝水溶液类芬顿降解催化剂时也展现出优异的降解性能。

2.2 第一副族金属离子导入蒲公英状 MnS 引起催化性能提高和形貌遗传

2.2.1 MnS 材料的优点

作为环境污染物之一，工业废水污染预计会成为水圈生态系统、生物多样性和人类的主要威胁。工业废水中，染料废水占了很大的比重，染料废水包含很多不易降解的有毒物质，对水生物系统存在很大的威胁。为了降解染料废水中的有毒物质，人们采取了物理的、化学的和生物等多种多样的方法。比如说，吸附法、臭氧化法、电化学降解法和光化学降解法。不幸的是，这些方法中的大部分在实际应用中因高消耗和高花费在实际工业应用中受到了严重的限制，不仅如此，缺乏高的催化效率也是这些方法在实际应用中受阻的原因。在过氧化氢的催化氧化下，过渡金属硫化物作为催化剂释放了提高反应速率的羟基，这对染料废水的降解是十分有利的。因此，过渡金属硫化物在催化的过程中扮演了很重要的角色。

近年来，微纳米结构硫化物越来越吸引人们的注意力，因为它有较大的比表面积和较多的活性点，在磁性、电化学、锂离子电池和催化方面得到了广泛的应用。比如说，Duan 和合作者合成了纳米结构的二氧化锰，并且应用在电化学性能的测试上；从刺状镍前驱体中合成的具有磁性的 Ni/Ag 核壳结构表现出很好的催化和抗菌活性，这一成果被 Senapati 和合作者报道；Wang 和合作者合成新型的管状多孔性的 CuO 纳米棒，作为锂离子电极表现了很好的活性，并实现长循环和高可逆比容量；贵金属（Pt、Pd、Ag、Au）—Cu_2S 核壳结构表现了很好的化学、光学和催化性质，这一发现被 Meir 和合作者报道。然而，大面积纳米结构材料在合成方面因为其复杂的操作过程和在扩展工业应用上的限制仍然是一个挑战。这部分工作中，纳米结构的蒲公英状的硫化锰被合成出来，并在室温下用于染料废水的降解。另外，这种纳米结构的蒲公英状的硫化锰是在温和的条件下以锰的配合物作为前驱体合成。合成锰配合物的前驱体的原料是大量存在的化工原料，容易获得且花费较少。锰的配合物通过一步合成法得到，合成方法非常简单。这部分工作中，为了提高所得的硫化锰的催化性能，我们通过离子置换的方法将第一副族金属离子引入到硫化锰中。事实上，近年来，作为第一副族金属元素，铜离子作为催化剂表现了重要的催化活性并且已经被广泛地报道。例如，Wang 和合作者通过简单的方法制备了多种多样的硫化铜并且提高了它的催化活性。此外，Pt—CuS 的二聚物和它们的选择性催化活性被报道。因此，笔者探索一种新方法，即将第一副族金属离子引入到硫化锰中，而实验结果证实这种方法对提高其催化活性行之有效。在第一副族金属离子中，选择铜离子和银离子作为主要的研究对象。因为一方面金离子主要以三价化合价存在，这不利于沉淀转化反应的发生，另一方面，金离子成本较高，大面积的工业应用是不经济实惠的。因此，在本实验中，通过沉淀转换的方法将铜离子和银离子引入到硫化锰中。该反应是在室温下进行的，这有利于保持产物的形貌。同时，类似的效果发生在硫化锰和阴离子的反应中。温和的实验条件使得金属离子缓慢地引入到硫化锰中，在硫化锰原有的基础上发生反应利于形貌的保持。

在这部分工作中，在温和的水热反应条件下，以锰的配合物作为前驱体合成了大面积的纳米结构的蒲公英状的硫化锰。然后，通过沉淀转换的方法引入有益的金属离子到硫化锰中，我们得到了 $Mn_xCu_{1-x}S$ 和 $Mn_xAg_{2(1-x)}S$。该反应是在室温下进行的，调控反应物浓度和反应时间，温和的反应条件对硫化锰和 $Mn_xCu_{1-x}S$、$Mn_xAg_{2(1-x)}S$ 的形貌保持是有帮助的。$Mn_xCu_{1-x}S$ 和 $Mn_xAg_{2(1-x)}S$ 结合了两种材料的性质并且将它们的优点最大化。从一方面来说，合成的产物作为催化剂时提供了充足的比表面积和活性点，在催化罗丹明B和亚甲基蓝时表现了很高的效率；从另一方面来说，所得的 $Mn_xCu_{1-x}S$ 和 $Mn_xAg_{2(1-x)}S$ 的催化效率相比硫化锰来说大大地提高了。在这部分工作中，在不改变形貌的情况下，通过调整产物的组成提高了产物的催化活性。

2.2.2　Mn配合物对MnS的控制合成

2.2.2.1　Mn配合物的合成

通过简单的一步合成方法，得到锰的配合物。实验方法如下，称量5mmol四水乙酸锰到50mL的小烧杯中，加入20mL去离子水溶解，然后称量10mmol对甲苯磺酸钠到四水乙酸锰溶液中，加热溶解，反应加热一段时间，加入5mmol邻菲罗啉，溶液混浊呈深黄色，加热5min后，向混合溶液中加入15mL无水乙醇，溶液由混浊变澄清，将混合溶液加热近沸腾，趁热过滤，将滤液静置，几天后得到黄色块状均匀结晶，为锰配合物（样品1）。

2.2.2.2　MnS的控制合成

称量一定量的锰的配合物（1mmol）到盛有11mL乙二醇的小烧杯中，稍加热使配合物溶解，再将得到的溶液转移到25mL内衬为聚四氟乙烯的反应釜中；称取硫脲（0.5mmol）溶于盛有5mL无水乙二胺的小瓶中。待溶解完全后，在通风橱中，用滴管将溶有硫脲的乙二胺溶液分别逐滴加入对应的乙二醇溶液中，滴加的同时搅拌溶液，在室温下搅拌，在滴加过程结束后，盖上反应釜盖，防止溶剂的挥发。常温下搅拌3h，再将反应釜装入不锈钢外套中密封好，于电热恒温鼓风干燥箱内在160℃下反应24h。反应时间结束后，反应釜自然冷却至室温，打开反应釜，将反应釜底部的产物分别用蒸馏水和无水乙醇洗涤、离心若干次，再将产物放入真空干燥箱中，于60 ℃下干燥6~8h得到褐色固体粉末（样品2）。

2.2.2.3 MnS的表征

在温和的实验条件下，以乙二醇和乙二胺作为混合溶剂，以锰的配合物作为前驱体，反应时间为24h，反应温度为160℃，大面积的分等级结构的硫化锰被合成出来。一般来说，大面积的金属配合物是很难合成出来的。在这部分工作中，甲苯磺酸钠和邻菲罗啉用来合成锰的配合物，这些都是便宜易得的化工原料，通过简单的一步合成法，得到了大量的锰的配合物。选择锰的配合物作为前驱体的原因是因为相比金属盐，配合物作为前驱体有几个方面的优势。比如说，金属配合物中配位键的配位能力能延缓反应过程中金属离子的释放，另外，配合物有很好的配位能力，并且能够使金属离子有序的排列。金属配合物作为前驱体，所有的优势对产物的形貌和尺寸的控制是有帮助的。此外，金属配合物中的配体反应释放出后，可以作为配体反应的活性试剂。先前的报道中提到通过配合物作为前驱体合成了具有很好形貌的硫化铜。在这部分工作中，考虑到金属配合物稳定的结构和很好的配位能力，以锰的配合物作为前驱体合成出了大面积规则的硫化锰，同时，锰的配合物对控制硫化锰的形貌是很有帮助的。

用X-射线粉末衍射仪对所得蒲公英状的硫化锰（即样品2）进行物相及结构表征，图2-4展示了所得的蒲公英状的硫化锰的XRD图谱。如图2-4所示，所有主要的衍射峰与硫化锰标准卡片（JCPDS No. 44-1418）对应得很好，这证明所得硫化锰为纯相。产物的晶胞参数为$a = 5.224$Å，$c = 5.224$Å。其中位于29.60°、34.30°、49.30°、58.56°、61.39°和72.28°的衍射峰分别对应于该卡片中的（111）、（200）、（220）、（311）、（222）和（400）晶面。最强的衍射峰是（200）晶面，体现晶体择优生长的过程。没有任何杂质峰或者是其他杂相的衍射峰出现，由此可以断定，所得到的具有三维结构的海胆状硫化锰是纯的硫化锰。因此，通过简单温和的方法获得了均一的蒲公英状的硫化锰。

通过扫描电子显微镜（SEM）对所得的硫化锰做了形貌的表征，样品的SEM图和不同倍率下的TEM（透射电子显微镜）图分别如图2-5（a）~（d）所示。低倍率下的硫化锰的SEM图如图2-5（a）所示，通过对电镜图的观察，我们可以看到所得的硫化锰包含了很多独立的蒲公英状的硫化锰微米球，这些微米球有均匀的尺寸，每一个刺球的直径在2~3μm。在图2-5（b）中，每一个刺球的硫化锰微米球包含很多刺状的分等级结构，有蒲公英状的结构。刺状的厚度大约为20~30nm，如图2-5（c）所示。所得到的蒲公英状的硫化锰由很小尺寸的纳米刺组成，这种特殊的结构有望提高物质的催化性能，因为它有比较大的比表面积能够增大催化剂和废液的接触面积。图2-5（d）所示是样品2高倍率透射电子显微镜图，为的是探索样

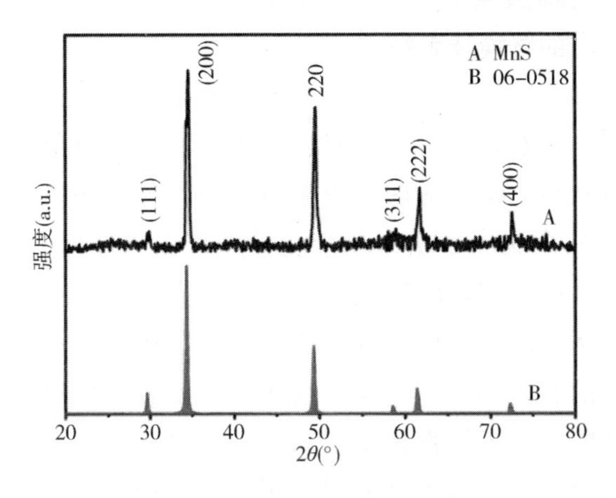

图 2-4　所得 MnS 的 XRD 图

品 2 的晶体学特征，图中显示的晶格距离为 0.462nm，与（220）的晶面对应。

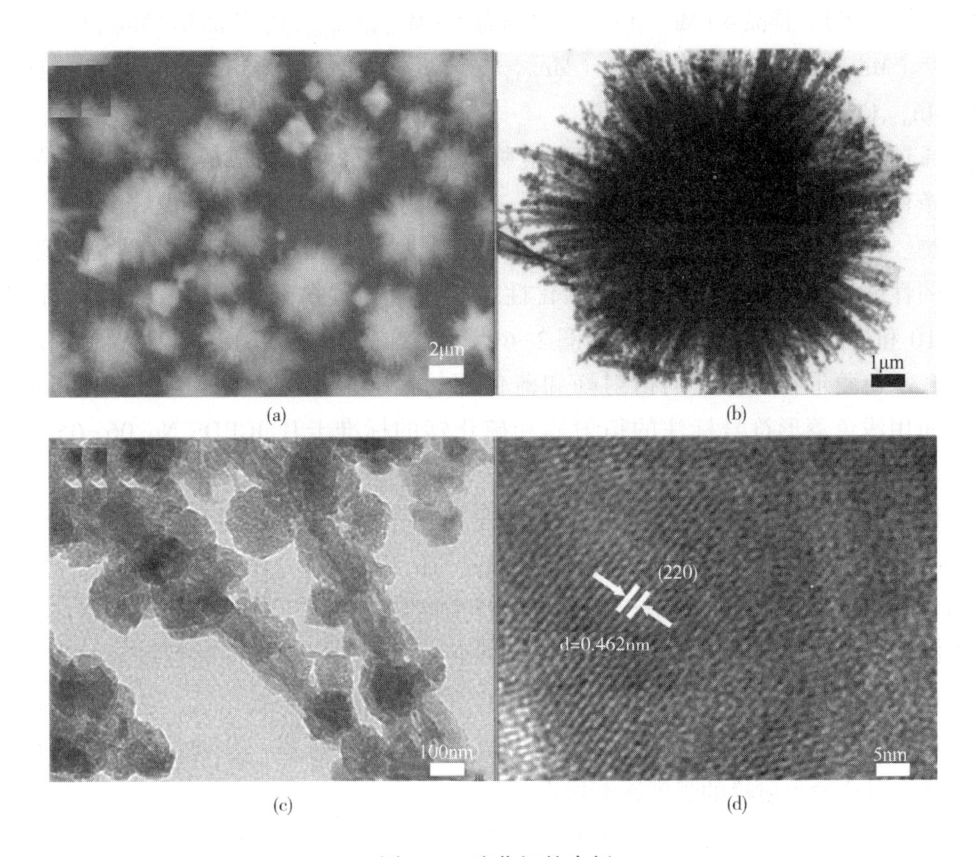

图 2-5　硫化锰的表征

（a）硫化锰的 SEM 全景图；（b）、（c）和（d）硫化锰不同倍率下的 TEM 图

2.2.3 MnS 与第一副族金属离子的置换

2.2.3.1 MnS 与 Cu^{2+}的置换及表征

众所周知，合成具有特定的有规则形貌的物质是困难的，大部分的合成方法步骤复杂、消耗时间长、花费较大。作为对比，本实验通过简单的方法合成出规则的微纳米结构的蒲公英状硫化锰。考虑到形貌对物质性质的积极影响，通过离子置换的方法将部分第一副族金属离子引入到硫化锰中，在这过程中，保持了形貌不变，这一点被证实对催化性质有积极的影响。考虑到金多以三价存在并且金离子在大范围的工业生产时不经济，因此，这部分工作重点做了铜离子和阴离子的置换。实验证明，有益金属离子的引入调整了产物的组成同时没有改变形貌，这一积极的成果提高了产物的催化性能。为了将铜离子引入到硫化锰中，我们做了一系列实验，选择三水硝酸铜参与置换反应，因为硝酸根离子在反应中不引入杂质。室温下，以去离子水作为溶剂，硫化锰和硝酸铜的浓度比为 1∶2，常温下搅拌，在不同的反应时间 2min、5min、10min、20min、30min、40min、50min、1h 下，得到了样品 3（$Mn_{0.77}Cu_{0.23}S$）、样品 4（$Mn_{0.53}Cu_{0.47}S$）、样品 5（$Mn_{0.40}Cu_{0.60}S$）、样品 6（$Mn_{0.33}Cu_{0.67}S$）、样品 7（$Mn_{0.20}Cu_{0.80}S$）、样品 8（$Mn_{0.16}Cu_{0.84}S$）、样品 9（$Mn_{0.10}Cu_{0.90}S$）、样品 10（$Mn_{0.05}Cu_{0.95}S$）。

通过对反应时间、反应温度和反应物浓度的探索，得到了最适宜的离子置换反应条件。在保持铜离子过量的情况下，通过调整置换反应的时间，得到了一系列产物。样品 10 是在硫化锰和硝酸铜的浓度比为 1∶2，在室温下搅拌 1h 得到的。后续的性能测试发现，样品 10 的催化性能相比硫化锰得到了很大程度上的提高。样品 10 和样品 2 的 XRD 对比图如图 2-6 所示，样品 10 的 XRD 图证明置换反应的发生。深色菱形符号标注的衍射峰和硫化铜的标准卡片 JCPDS No. 01-1208 相对应，而用浅色菱形符号标注的衍射峰和硫化锰的标准卡片 JCPDS No. 06-0518 相对应。

样品 3~10 是在保持铜离子过量的情况下，分别在不同的置换反应时间 2min、5min、10min、20min、30min、40min、50min、1h 下得到的。图 2-7 是样品 2~10 的 XRD 对比图，从图中可以看到，随着置换反应时间的增加，样品中硫化铜对应的衍射峰逐渐增强而硫化锰对应的衍射峰逐渐减弱，这表明置换反应的程度随时间的延长而加强。造成这种现象的原因是硫化铜的溶度积常数小于硫化锰，这使得置换反应能够顺利发生。随着反应时间的延长，离子置换的程度进一步增加，因此，样品中硫化铜对应的衍射峰的强度逐渐增强。

在这部分工作中，为了实现形貌能更好地遗传，做了一系列实验来探索反应时间对置换产物的影响。图 2-8 为硫化锰和样品 10、16（$Mn_{0.48}Ag_{0.52}S$）之间形貌转移的示意图，如图 2-8 所示，和所得到的硫化锰相比，样品 10 的形貌保持不变，样品

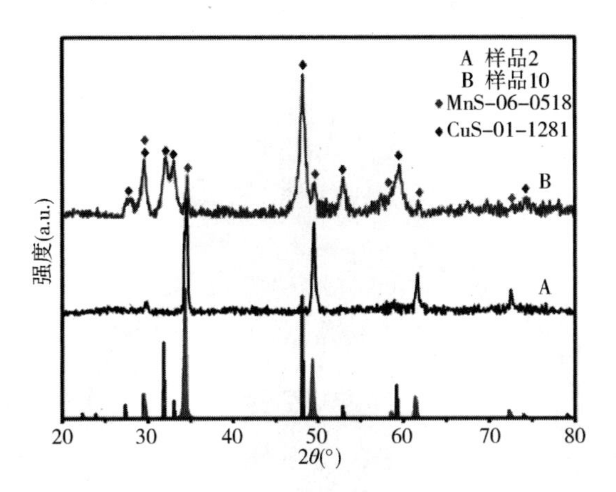

图 2-6　样品 2 和样品 10 的 XRD 对比图

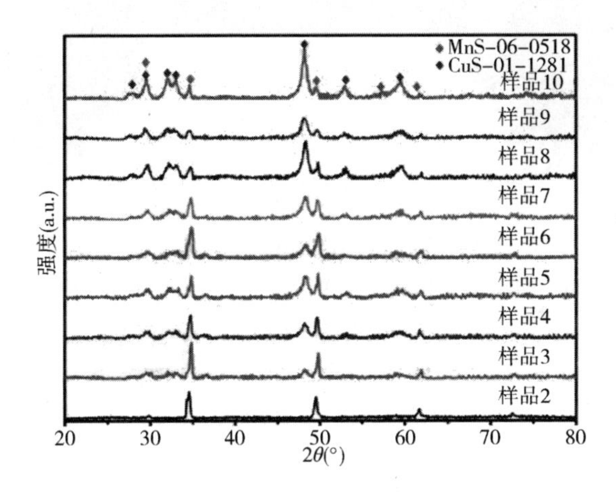

图 2-7　样品 2~10 的 XRD 对比图

10 的电镜图如图 2-9（b）所示，和图 2-9（a）中所示的硫化锰的形貌相比，发现样品 10 和样品 2 的形貌没有明显的差别，离子置换后样品 10 最大程度地保持了样品 2 的形貌。样品 3~10 的电镜图分别如图 2-10（a）~（h）所示，通过对电镜图的观察，发现所得样品的形貌都和所得到的硫化锰的形貌相似，这些都归功于在温和的实验条件下，硫化锰和铜离子的置换反应进行得比较彻底。通过对离子置换反应条件的分析，对这种很好的形貌遗传现象做了解释。首先，离子置换反应是在室温下进行，温和的实验条件能最大程度上保护样品的形貌，这对形貌遗传是非常有利的。其次，硫化铜的溶度积常数远远小于硫化锰的，这对快速进行置换反应也是非常有利的。因此，样品 3~10 的形貌基本和所得到的硫化锰的形貌相同，在适合的反应条件下，成功地实现了形貌从一种样品到另一种样品的遗传。

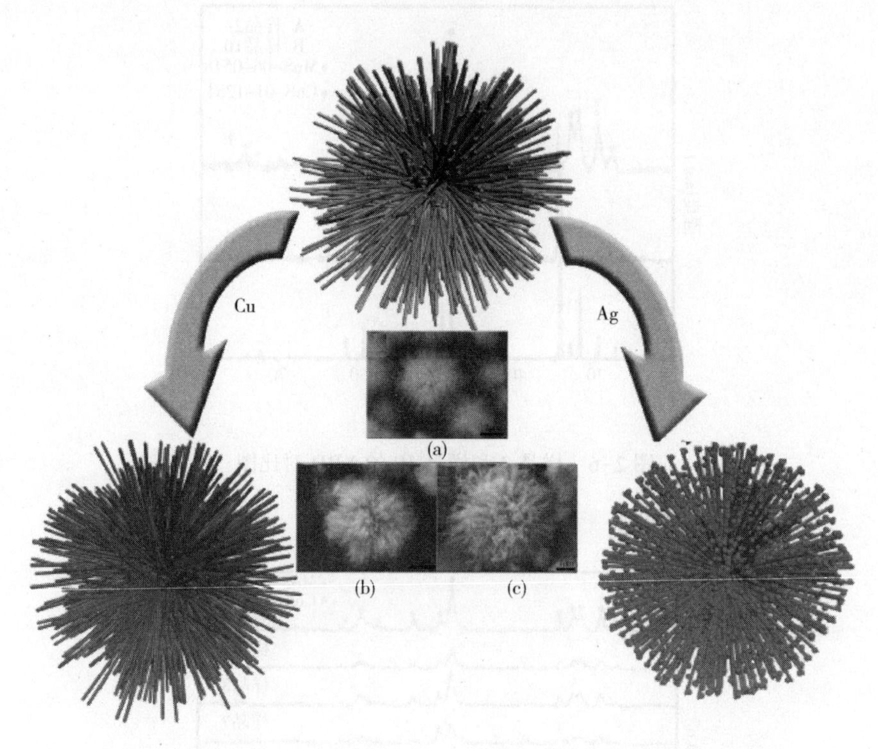

图 2-8　硫化锰和样品 10、16 之间形貌转移的示意图

（a）所得的硫化锰的电镜图；（b）样品 10 的电镜图；（c）样品 16 的电镜图

图 2-9（c）为样品 10 的 EDS 能谱图，EDS 面扫描对样品 10 做了元素分析。图 2-9（c）中插图是样品 10 表面锰、铜、硫的元素分布，左起第一张标注的是锰原子，第二张标注的是铜，第三张标注的是硫。如 EDS 扫描图所示，锰、铜、硫基本覆盖了样品 10 的表面。为了更精确地表征样品中元素的含量变化，通过对 EDS 数据的分析，样品 3~10 中锰和铜的含量变化图 2-9（d）所示。从图中可以看出，随着反应时间延长，铜的含量逐渐增加，锰的含量逐渐减少。在硫化锰和铜离子的比例为 1∶2 时，当反应时间分别为 2min、5min、10min、20min、30min、40min、50min、60min 时，铜的含量依次为 23%、47%、60%、67%、80%、84%、90% 和 95%。观察 $Mn_xCu_{1-x}S$ 中铜的含量变化，当反应时间从 2min、5min 增加到 10min 时，铜含量增加的幅度较大，这表明离子置换反应在前 10min 进行得比较剧烈。这种现象的原因是硫化铜的溶度积常数比较小，在离子置换的开始时促进了反应的进一步发生，这导致样品中铜的含量急速增加。随着反应时间的继续增加，$Mn_xCu_{1-x}S$ 中铜的含量增加，从 67%、80%、84%、90% 到 95%。尽管铜的含量增加，但是相对于样品 3~5 中铜含量的增加，样品 6~10 中铜的含量的增加程度变弱。这是因为反应物浓度的减

少导致反应速率减小，因此，铜含量的增加不明显。

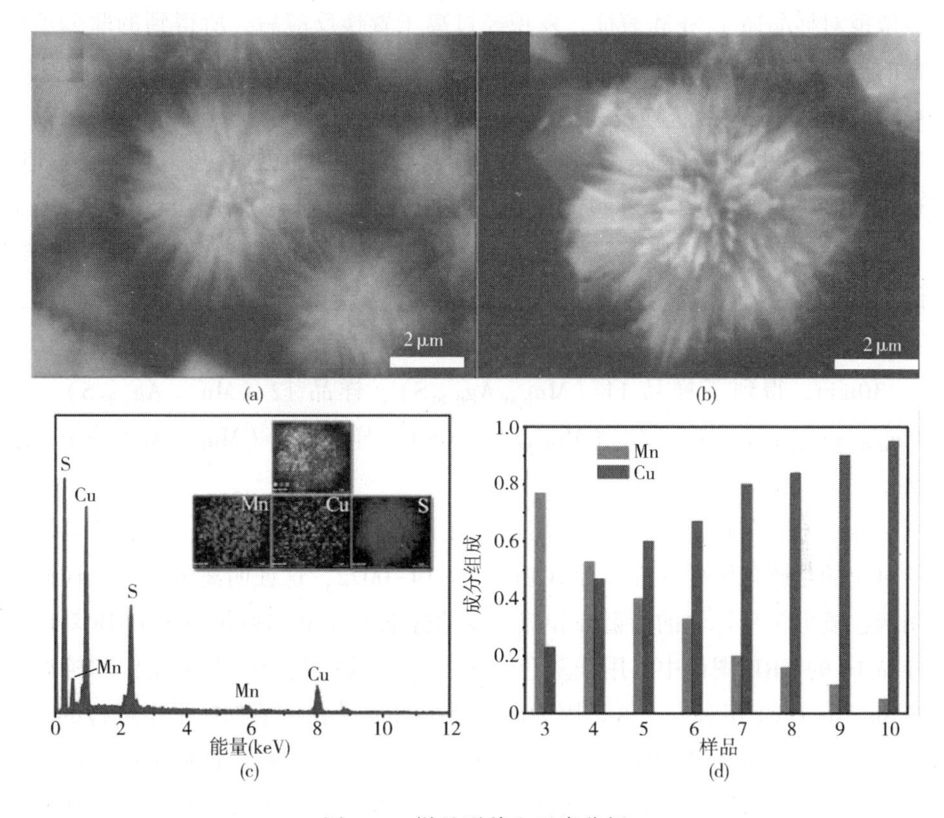

图 2-9　样品形貌和元素分析

（a）样品 2 的 SEM 图；（b）样品 10 的 SEM 图；（c）样品 10 的 EDS 能谱图和样品 10 球状部分的面扫描能谱图；（d）样品 3~10 中锰和铜含量变化图

图 2-10　样品 SEM 图（a）~（h）分别为样品 3~10 的 SEM 图

通过对以上试验的观察，控制反应时间，合成了一系列 $Mn_xCu_{1-x}S$ 样品。用扫描电子显微镜对样品做了 SEM 表征，发现经过离子置换反应后，所得到的蒲公英状的硫化锰的形貌转移后续产物上。同时，XRD 图谱和 EDS 数据证明有置换反应发生。

2.2.3.2 MnS 与 Ag^+ 的置换及表征

参考硫化锰和铜离子的置换反应取得的结果，为了更大范围实现形貌遗传，可以通过改变中心金属离子来调整产物的组成。考虑到银和铜在元素周期表中处于同一族，它们的性质相似，我们做了另一组置换实验。银离子的来源是硝酸银，这是因为硝酸根离子在反应中不引入其他杂质。在室温下，溶剂为去离子水，硫化锰和硝酸银的浓度比为 1：1 时，经不同的反应时间 2min、4min、5min、10min、20min、30min，得到了样品 11（$Mn_{0.80}Ag_{0.20}S$）、样品 12（$Mn_{0.73}Ag_{0.27}S$）、样品 13（$Mn_{0.58}Ag_{0.42}S$）、样品 14（$Mn_{0.53}Ag_{0.47}S$）、样品 15（$Mn_{0.52}Ag_{0.48}S$）、样品 16（$Mn_{0.48}Ag_{0.52}S$）。

图 2-11 分析了样品 16 的 XRD 图谱。在样品 16 的衍射峰中，用黑色菱形符号标注的对应的是硫化银的标准卡片 JCPDS No. 14-0072，这证明离子置换反应确实发生。用灰色菱形符号标注的衍射峰和硫化锰的标准卡片 JCPDS No. 06-0518 对应。另外，样品 16 的 XRD 图谱中，用浅灰色菱形符号标注的衍射峰和氧化银的标准卡片 JCPDS No. 76-1393 相对应。这是因为离子置换反应是在水溶剂体系中进行的，在反应的开始阶段，生成了 AgOH 的中间体，进而形成了氧化银；和硫化银的衍射峰相比，氧化银的衍射峰较少而且强度较弱。图 2-12 展示的是样品 11～16 的 XRD 对比图，如图所示，随着时间的增加，氧化银对应的衍射峰的强度越来越弱，而硫化银的衍射峰越来越强。这是因为，硫化银的溶度积常数比氧化银的溶度积常数小，离子置换反应更容易形成硫化银。此外，随着置换反应时间的延长，XRD 图谱中硫化银的衍射峰逐渐增强，这证明置换反应的程度加强。

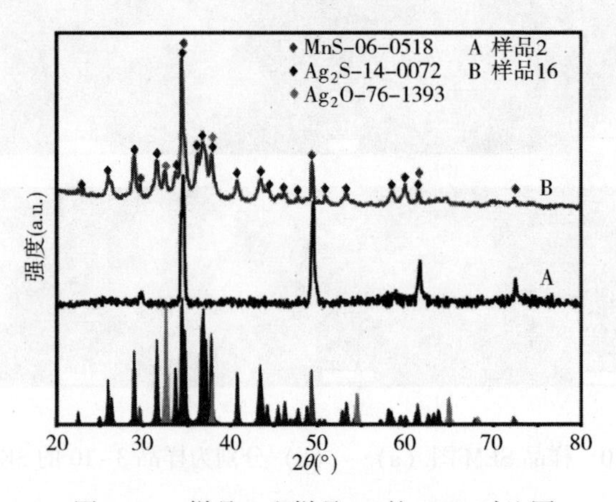

图 2-11　样品 2 和样品 16 的 XRD 对比图

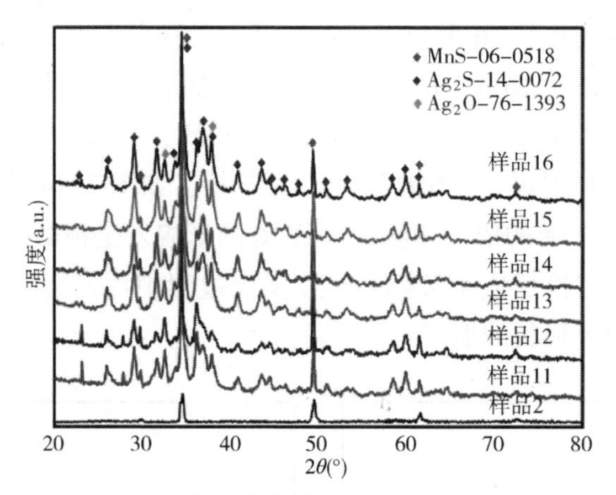

图 2-12　样品 2 和样品 11~16 的 XRD 对比图

图 2-13（a）、（b）分别为样品 2 和样品 16 的 SEM 图，通过对样品 2 和样品 16

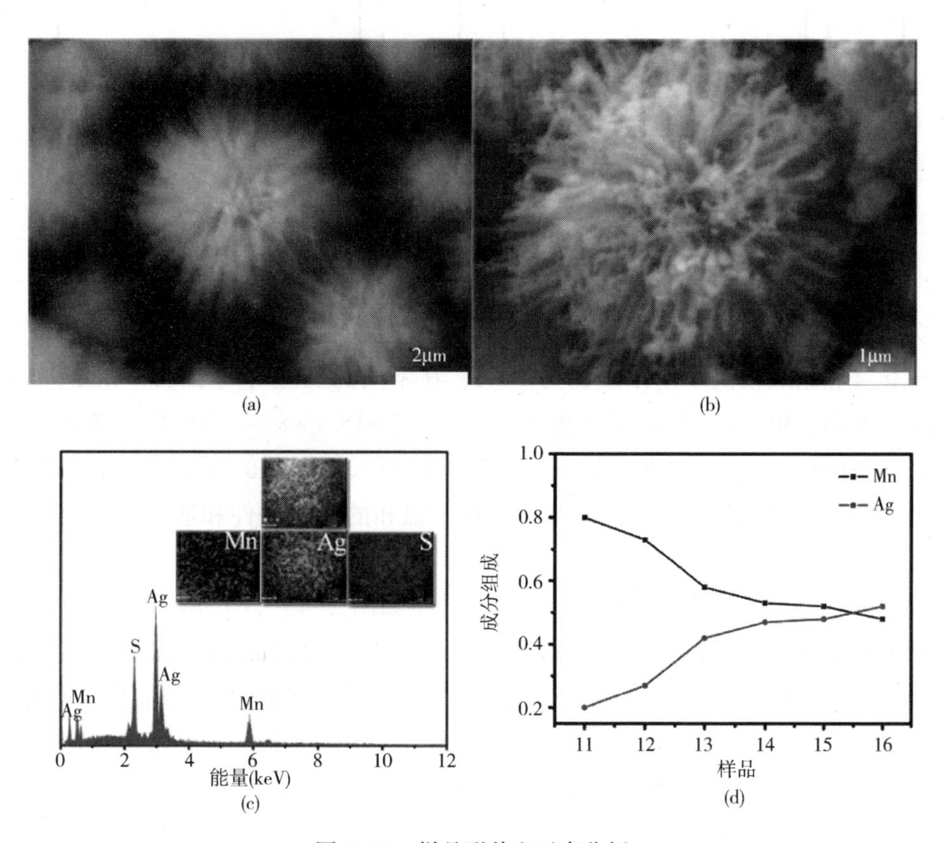

图 2-13　样品形貌和元素分析

（a）样品 2 的 SEM 图；（b）样品 16 的 SEM 图；

（c）样品 16 的 EDS 能谱图和样品 16 球状部分的面扫描能谱图；

（d）样品 11~16 中锰和银含量变化图

的形貌对比，可以看到样品16保持了样品2基本的蒲公英状结构。图2-15中展示了所得到的硫化锰到样品16的形貌遗传示意图。如图所示，样品16的形貌和所得到的硫化锰的形貌基本相似。不同的是和硫化锰相比，样品16的刺状结构上有纳米颗粒。分别对刺状物和刺状上的颗粒做了EDS分析，如图2-14所示，从图中可以看到EDS表征结果证明二者的成分相同。样品16的形貌发生稍微改变的原因可以总结为硫化锰和银离子的置换反应十分剧烈，在反应过程中可能会使形貌稍微变化，进而在一定程度上影响了形貌的遗传。

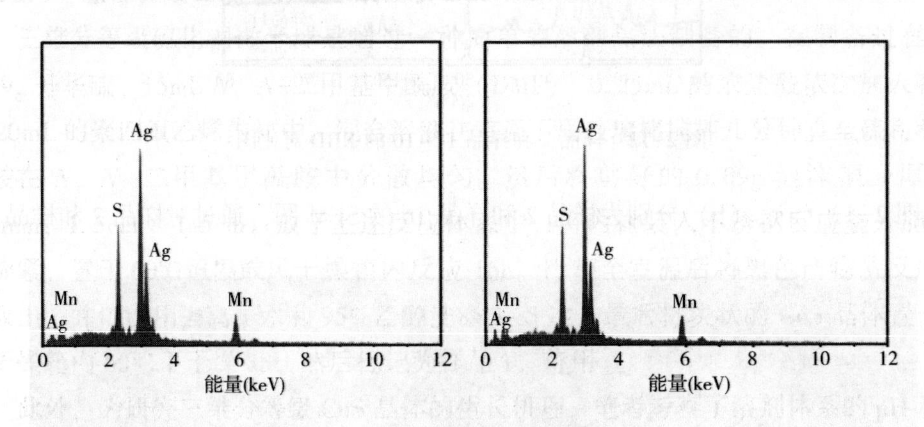

图2-14 EDS图谱分析

(a) 样品16颗粒结构的EDS分析；(b) 样品16刺状结构的EDS分析

为了探究置换反应时间对实验结果的影响，我们在室温下，以去离子水作为溶剂，硫化锰和硝酸根离子的浓度比为1∶1，在不同的反应时间2min、4min、5min、10min、20min、30min下得到了产物11~16。图2-15（a）~（f）分别展示了样品11~16的SEM图，可以看到，随着反应时间的延长，样品的形貌几乎没有发生改变，都很好地保持硫化锰基本的微米球结构。温和的反应条件和适合的反应物浓度是产生这种现象的主要原因。

笔者对样品16做了EDS能谱分析，能谱图如图2-13（c）所示，通过EDS表面扫描对样品16做了元素分析。图2-13（c）中插图是样品16表面锰、银、硫的元素分布，左起第一张标注的是锰原子，第二张标注的是银，第三张标注的是硫。通过对样品16表面的EDS分析图的观察，不难发现锰、银、硫元素基本覆盖在样品16的表面。通过EDS数据分析了样品11~16中锰、银、硫的含量变化，如图2-13（d）所示。从图中可以看到，随着置换反应时间的延长，银的含量逐渐增加而锰的含量逐渐减少。当置换反应时间从2min、4min、5min、10min、20min到30min时，所得到的样品11~16中，银的含量从20%、27%、42%、47%、48%增加到最后的52%。在置换反应开始的前10min中，银的含量增加的幅度比较大，然而

图 2-15　样品的形貌分析
(a) ~ (f) 分别为样品 11~16 的 SEM 图

在置换反应最后的 20min，相比样品 11、12、13 中银含量的增加幅度，样品 14、15、16 中银含量增加的幅度变小。和 $Mn_xCu_{1-x}S$ 中铜含量增加的幅度不同，所得到的硫化锰和硝酸银的置换反应在进行到 20min 时保持稳定。原因可能是中间生成的氧化银阻止了银离子和硫化锰反应生成硫化银，使置换反应达到平衡。

通过对 $Mn_xAg_{2(1-x)}S$ 的结果和讨论，离子置换后，$Mn_xAg_{2(1-x)}S$ 基本保持了硫化锰的基本形貌，实现了从硫化锰到后续置换产物的形貌遗传。同时，XRD 图谱和 EDS 数据证明离子置换反应的发生。

2.2.4　MnS 与部分置换产物的催化性能测试

考虑到纳米材料特殊的分等级结构，所得到的蒲公英状硫化锰和通过离子置换得到的部分置换产物被用作催化剂降解亚甲基蓝（MB）和罗丹明 B（RB），催化反应是在过氧化氢的辅助下进行。在我们的实验中，过氧化氢释放高活性的羟基来氧化亚甲基蓝，亚甲基蓝被氧化变成小分子，包括 CO_2 和 H_2O 等。所得到的样品的催化性质和羟基的数量有关。然而仅仅用过氧化氢（H_2O_2）没有催化剂的辅助时，降解染料溶液时的速率是很缓慢的。同时，仅仅将所得的样品作为催化剂，对催化过程是没有帮助的。在本文中，罗丹明 B 和亚甲基蓝作为基准试剂来评价催化剂的活性。称取 0.02g 样品作为催化剂加入 30mL 的 30mg/L 的亚甲基蓝或者罗丹明 B 溶液中，通过加入 10mL 的 H_2O_2 来引起催化反应。催化反应需要在室温下、紫外灯的照射下搅拌进行。每隔一段时间，取混合溶液用紫外分光光度计测试浓度，反应后将催化剂离心分离出，并洗涤，可以循环利用。

2.2.4.1 MnS 的催化性能测试

在这部分工作中，所合成的蒲公英状硫化锰被用来作为催化剂，性能测试结果证明，这种特殊的刺状的分等级结构有比较大的比表面积和较多的活性点，对提高催化性能是很有帮助的。硫化锰在催化 MB 和 RB 时的紫外光谱曲线分别为图2-16和图 2-17。

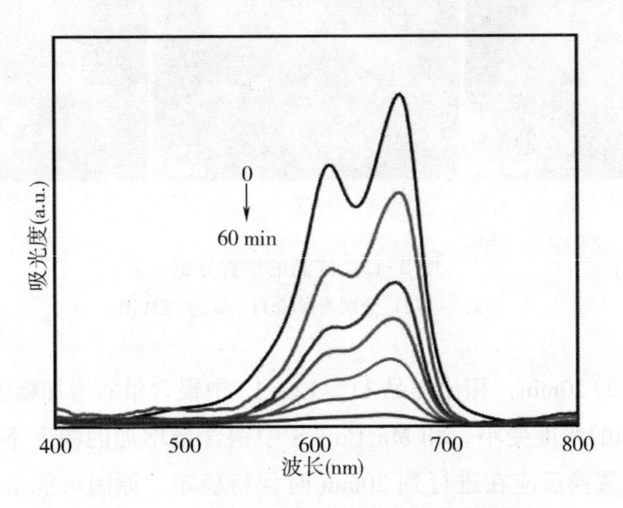

图 2-16 样品 2 降解 MB 的紫外光谱曲线

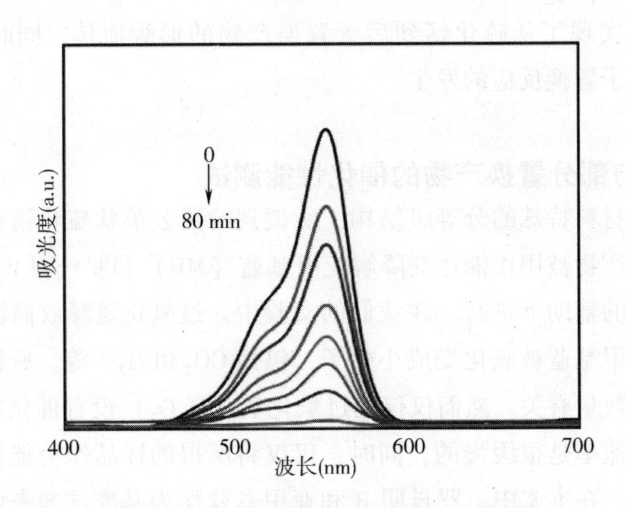

图 2-17 样品 2 降解 RB 的紫外光谱曲线

图 2-16 为样品 2 降解 MB 时的紫外光谱曲线，从图中可以看到在催化时间为 10min 时，亚甲基蓝的脱色率达到了 18%，30min 后，脱色率达到了 65%，1h 后脱色率达到了 97%，60min 后，脱色过程基本保持稳定。图 2-17 为样品 2 降解 RB 时的紫外光谱曲线，通过对图的观察，我们不难发现，在催化时间为 10min 时，罗丹明 B 的脱色率达到了 16%，40min 后，脱色率达到了 68%，80min 后脱色率达到了 98%，80min 后，脱色过程基本保持稳定。

2.2.4.2　部分置换产物的催化性能测试

在本工作中，以所合成的蒲公英状硫化锰作为模板，通过离子置换来合成其他产物。取得了令人满意的结果，即置换产物保持了模板 MnS 的形貌。这种刺状的分等级结构的产物凭借其较大的比表面和较多的活性点，能够具有很好的催化性能。所合成的置换产物被用来测试其催化性能。以样品 10 为例，样品 10 对 MB 和 RB 的降解的紫外光谱曲线分别如图 2-18（c）~（d）所示。在图 2-18（c）中，降解进行到 2min 时，对 MB 溶液的脱色率达到了 72%，当催化时间增加到 8min 时，MB 基本降解完全。和硫化锰对 MB 的降解［图 2-18（a）］相对比，可以看出样品 10 对 MB 的脱色速率大大地提高了。这是因为样品 10 中的硫化铜的含量较高。基于以上催化机理的讨论，硫化铜在催化过程中扮演了很重要的角色，大大地减少了降解所需要的时间。这个观点在样品 3~9 对 MB 的降解中也有所证实。

样品 3~9 对 MB 的降解曲线如图 2-19 所示，随着产物中铜的含量的增加，降解 MB 所需要的时间逐渐减少。完全降解 MB，样品 3、4 所需的时间至少为 16min，这是因为样品 3、4 中铜的含量相对较小，和样品 10 相比，催化效果不是很明显。样品 5 中，铜的含量增加到 60%，完全降解 MB 所需的时间为 14min，相比样品 3、4，减少了 2min。样品 6、7、8 完全降解 MB 所需的时间为 12min，这是因为它们之间铜的含量没有明显的差别，所以对 MB 的脱色速率相似。样品 9 中，当 Cu 的含量增加到 90%时，完全降解的时间仅需要 10min。同时，样品 3、4、5、6、7、8、9 对 RB 的降解紫外曲线分别如图 2-20 所示，和对 MB 的降解效果相似，随着置换产物总硫化铜的含量增加，完全降解所需的时间逐渐减少。因此，得出这样的结论，催化效率和置换反应进行的程度直接相关。

基于对 $Mn_xCu_{1-x}S$ 的催化性能得到的结论，我们探索了样品 16 对 MB 和 RB 的降解实验，紫外曲线如图 2-18（e）~（f）所示。如图 2-18（e）所示，脱色反应进行到 2min 时，样品 16 对 MB 的脱色率达到了 48%，脱色进行到 18min 时，脱色率达到了 95%，18min 后脱色的程度基本保持不变。图 2-18（f）中，展示的是每隔 5min，对 RB 混合溶液进行紫外吸收曲线。在最开始的 5min，脱色率达到 24%，15min 后，脱色率达到了 68%，降解到 30min 后，催化反应基本达到了平衡。

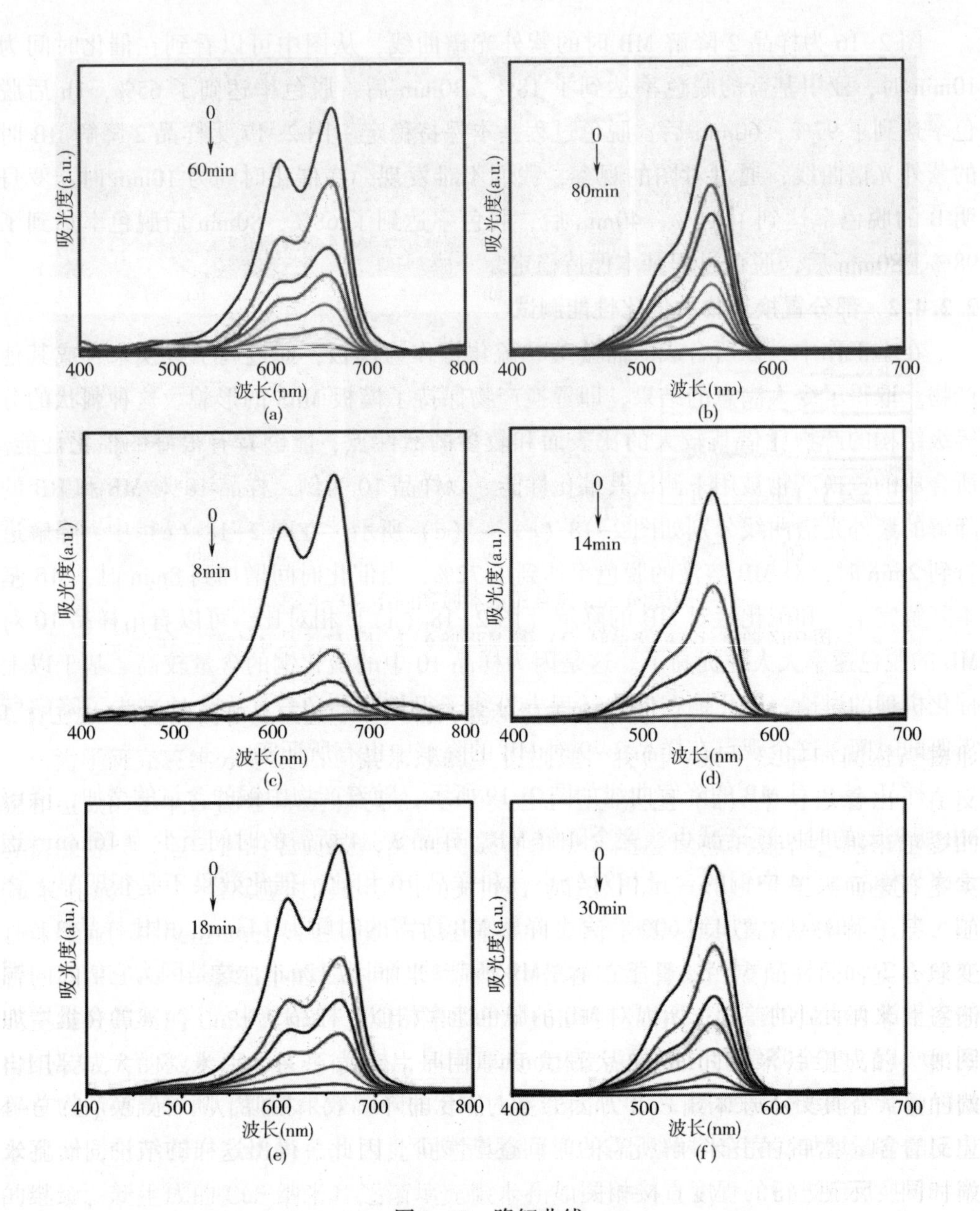

图 2-18　降解曲线

(a) 样品 2 降解 MB；(b) 样品 2 降解 RB；(c) 样品 10 降解 MB；
(d) 样品 10 降解 RB；(e) 样品 16 降解 MB；(f) 样品 16 降解 RB

2.2.5　结论

对这部分工作总结，以锰的配合物作为前驱体，利用温和的、对环境友好的方法合成了大面积的蒲公英状硫化锰。通过调整反应时间和反应温度，硫化锰的形貌和结构可以控制在稳定的范围内。锰的配合物是通过简单的一步合成法得到的，合

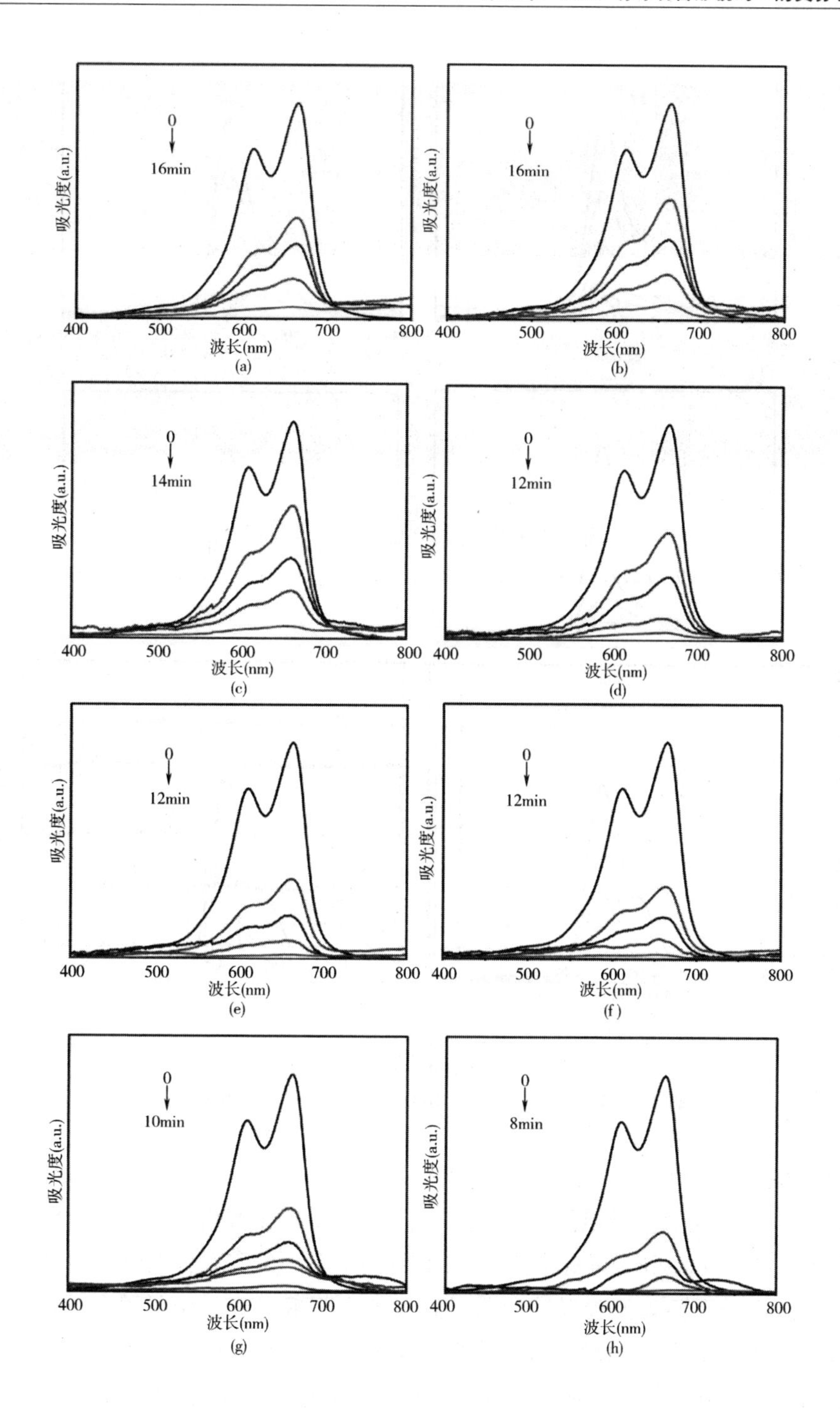

图 2-19　在脱色过程中的紫外曲线

（a）样品 3 降解 MB；（b）样品 4 降解 MB；（c）样品 5 降解 MB；（d）样品 6 降解 MB；（e）样品 7 降解 MB；（f）样品 8 降解 MB；（g）样品 9 降解 MB；（h）样品 10 降解 MB

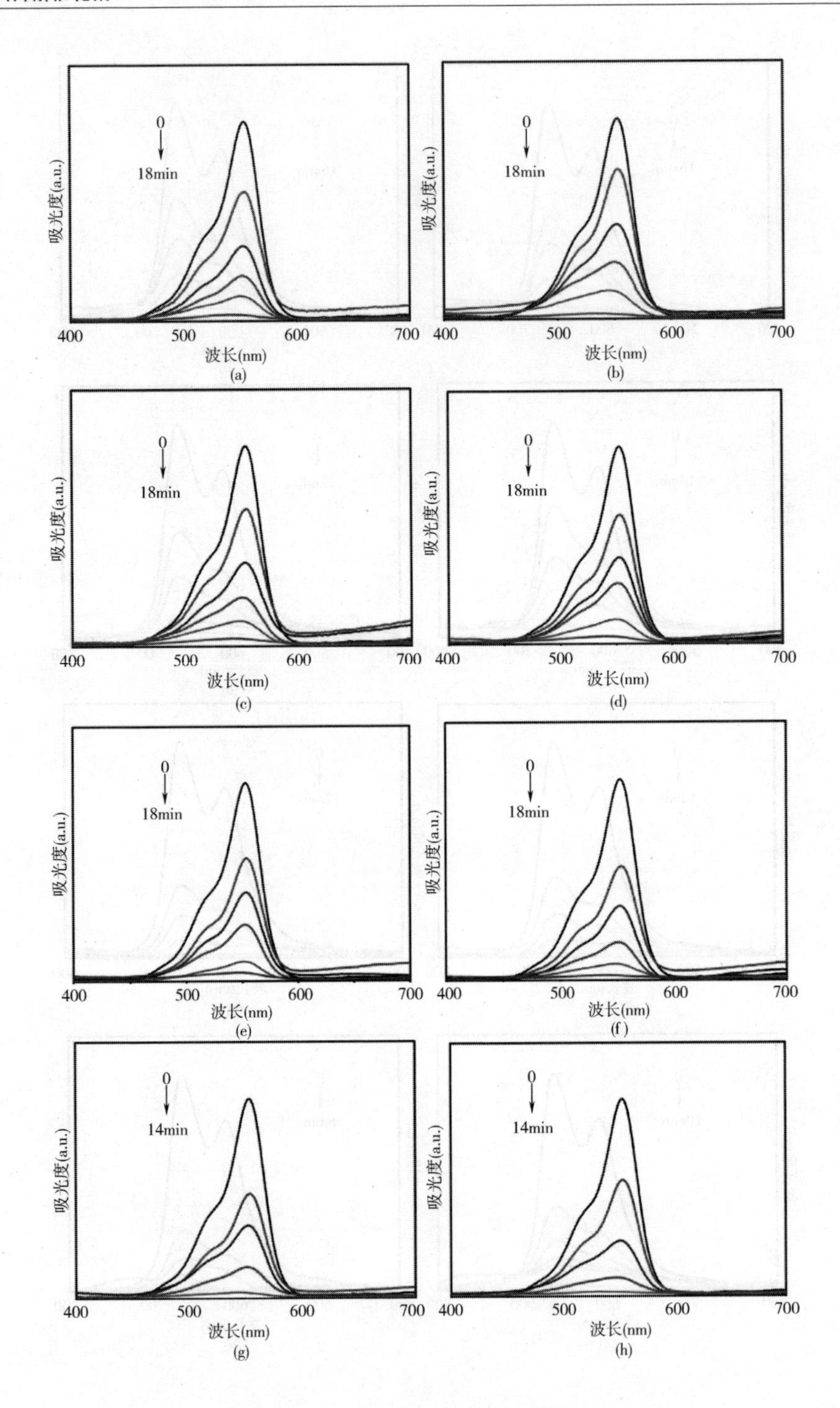

图 2-20　在脱色过程中的紫外曲线

(a) 样品 3 降解 RB；(b) 样品 4 降解 RB；(c) 样品 5 降解 RB；(d) 样品 6 降解 RB；(e) 样品 7 降解 RB；(f) 样品 8 降解 RB；(g) 样品 9 降解 RB；(h) 样品 10 降解 RB

成原料是花费少的工业原材料。在室温下，通过离子置换反应将铜离子和银离子作为有益金属引入到所合成的硫化锰中。置换反应的结果证明，所合成的硫化锰的形貌遗传到了置换的后续产物 $Mn_xCu_{1-x}S$ 和 $Mn_xAg_{2(1-x)}S$ 上。这项实验结果为合成无机催化材料实现资源最优化提供了信息。刺状结构的产物凭借大的比表面积和较多的活性点，来提高催化性能。和所合成的硫化锰相比，有益金属离子的引入，在降解染料废水（如 MB 和 RB）的过程中很大程度上提高了催化效率。和硫化锰相比，$Mn_xCu_{1-x}S$的催化效率提高了 6 倍，$Mn_xAg_{2(1-x)}S$ 的催化效率提高了 3 倍。综合分析证明，产物的组成和性能可以通过改变金属离子来调控，同时实现形貌遗传。

第3章　泡沫铜原位构筑易回收类芬顿催化剂

3.1　泡沫铜构筑材料特点

工业废水是最具有环境破坏力的物质之一，归其原因，是由于其对人体和生态系统所构成的巨大威胁。例如，工业废水中存在的偶氮基以及苯基等有机基团能够导致人体罹患膀胱癌。染料废水，占据了工业废水的1/10，由于其中含有的许多有毒物质，也成为人们急需处理的物质之一。为了降解染料废水中的有毒物质，人们已经开发出来许多种不同的方法，例如，氧化法、吸附法、电化学法以及光化学降解法去实现染料废水的降解。然而，其中很多的方法要不就是缺乏降解染料废水的高效性，要不则是由于其巨大的成本问题而得不到广泛使用。不过，以过渡金属硫化物或氧化物为反应催化剂，催化双氧水使其具有超强的氧化性从而降解有机污染物的这种方法，已被人们证明可以将染料废水中的大多数大分子基团降解为 CO_2 和 H_2O 等无毒性的小分子。虽然这种方法比较简单易行并且经济实用，但一般的过渡金属硫化物或氧化物都是粉末状态，因此在反应的过程中，这些粉末极难回收从而重复利用。所以，如何寻找出一种新的能够重复加以利用的催化剂，是人们急需解决的一个问题。

具有三维贯穿网络结构的介孔材料，在催化领域内得到了很广泛的应用。基于此，本实验以具有三维分层结构的 CuS 微纳米材料，作为室温、无需光照条件下降解染料废水的催化剂。到目前为止，由于分层结构材料在许多工业应用中具有潜在应用，得到了人们越来越多的关注。最近，Guo 等报道了利用二维 Bi_2S_3 网络结构来合成具有分层结构的纳米棒，Oaki 课题组也同样合成出具有分层结构的有机聚合物。在此，我们利用具有三维网络结构的泡沫铜作为反应前驱体，合成出一系列具有不同形貌的三维分层次结构的硫化铜、硫化亚铜以及硒化铜。此结构最大的新颖之处在于：三维分层结构的硫族铜化合物都是原位生长在三维网状结构的泡沫铜上。在一般环境下比较稳定，可以用作催化降解染料废水的可循环性催化剂。在该实验中，以亚甲基蓝与罗丹明 B 作为被降解物，以所合成的硫族铜化合物为催化剂，取得了比较好的催化效果。另外，对该结构的生长机理也做了简单的研究。

3.2　CuS三维分等级结构的合成与催化性能研究

3.2.1　三维分等级结构CuS的制备

（1）三维分等级结构的CuS样品1是在一个典型的溶剂热条件下合成的。将0.0600g泡沫铜（1cm×1cm；厚度：1mm）作为反应模板，0.0600g硫粉作为反应硫源，混合放入20.0mL聚四氟乙烯内衬的不锈钢反应釜中，然后加入16.0mL乙二醇作为反应溶剂，将反应釜放入不锈钢外套中，密封放进鼓风干燥箱中，在160℃下反应24h。反应结束后自然冷却至室温，取出反应釜。所得到的黑色产品上面可能会有一部分的硫粉残留，用二硫化碳浸泡10min洗去，然后分别用去离子水和无水乙醇反复清洗产物数次，在60℃干燥箱中干燥6~8h。产物干燥后收集于样品管中，于干燥器中放置待用。

（2）为了探讨CuS三维分等级结构的形成机理，我们又合成了一些CuS样品（样品2、3、4）。合成条件如下：将0.0600g泡沫铜和0.0600g硫粉混合放入20.0mL聚四氟乙烯内衬的不锈钢反应釜中，加入16.0mL乙二醇作为反应溶剂，将反应釜放入不锈钢外套中，密封放进鼓风干燥箱中，在160℃下分别反应8h、12h、16h。与前面合成的样品1（24h）共同组合成一个系列。反应结束后自然冷却至室温，取出反应釜。分别用去离子水和无水乙醇反复清洗产物数次，在60℃干燥箱中干燥24h。产物干燥后收集于样品管中，置于干燥器中保存。

（3）最后，我们又在不同溶剂的反应条件下合成出三种CuS样品（样品5、6、7），合成条件如下：将0.0600g泡沫铜和0.0600g硫粉混合放入20mL聚四氟乙烯内衬的不锈钢反应釜中，分别加入乙二胺：二醇=13：3（样品5），乙二胺：水 = 3：9（样品6），乙二胺：水=7：9（样品7）作为反应溶剂，将反应釜放入不锈钢外套中密封放进鼓风干燥箱中，在160℃下分别反应24h。反应结束后自然冷却至室温，取出反应釜。分别用去离子水和无水乙醇反复清洗产物数次，在60℃干燥箱中干燥24h。产物干燥后收集于样品管中，置于干燥器中保存。

3.2.2　表征

3.2.2.1　泡沫铜的表征

图3-1是基底泡沫铜的电镜形貌，可以看到它具有多孔三维贯穿的网络结构，孔径分布为100~300μm，单根骨架的宽度在100μm左右，骨架结构中存在很多节点。本节所合成的CuS材料是通过刻蚀这种三维骨架模板实现的。

3.2.2.2　CuS样品1的表征

图3-2为在溶剂热条件下，以16.0mL乙二醇为反应溶剂所得样品CuS样品1的

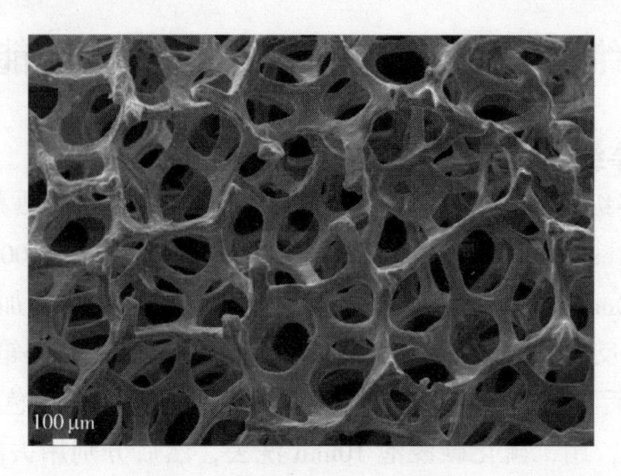

图 3-1　基底泡沫铜的电镜图片

XRD 表征图。从图中可以看出所有的衍射峰都很好地对应于六角晶型的 CuS 标准卡片（JCPDS No. 06－0464），其晶格参数为 a = 0. 3792nm（3. 792Å），c = 1. 6344nm（16. 344Å）。七个主峰（101）、（102）、（103）、（006）、（110）、（108）、（116）分别对应了七个晶面，其所对应的标准 2θ 角度分别为 27. 48°、29. 61°、32. 11°、33. 33°、48. 30°、52. 93°、59. 72°。

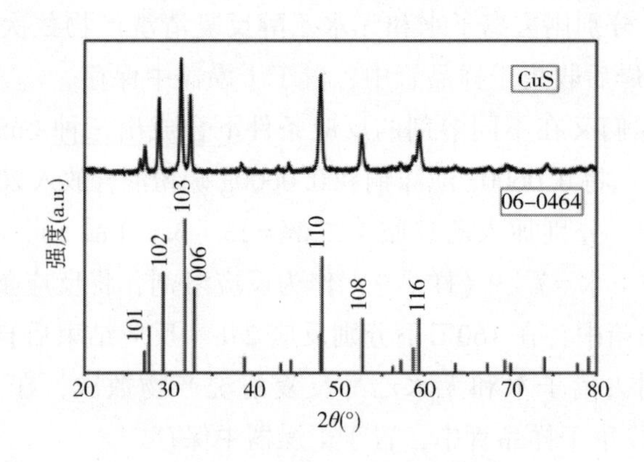

图 3-2　CuS 样品 1 的 XRD 图谱

CuS 微纳米结构的形貌结构是以扫描电子显微镜 SEM 和高倍透射电子显微镜 HRTEM 进行表征的。图 3-3 显示的则是样品 1 的 SEM 和 HRTEM 照片。在 SEM 的低倍率下［图 3-3（a）～（c）］，可以明显地看出所制备的样品 1 是由许多的三维块状结构所构成的，直径为 20～25μm。在 SEM 的高倍率下［图 3-3（d）和图 3-3（e）］，可以看出这些大型的块状结构是由许多分布均匀、排列整齐的纳米片所构成的，每一个纳米片的厚度基本为 50nm。为了进一步地研究样品 1 的内部晶体特征，图3-3（f）为样品的HRTEM照片。照片中排列整齐的晶格条纹显示出样品良好的结晶性。由计算可知，相邻的条纹与条纹之间的距离为0.328nm，图中的傅立叶图谱显示出样品为六角晶型，正好与XRD中CuS（JCPDS No.06-0464）相互对应。

图3-3　样品1的形貌图

（a）、（b）和（c）为CuS样品1在低倍率下的电镜图片；

（d）和（e）为样品在高倍率下的电镜图片；（f）为样品的HRTEM图和SAED谱

3.2.2.3 CuS 样品 2、3、4 的反应时间对 CuS 的影响

图 3-4 显示的是在溶剂热条件下，以 16.0mL 乙二醇为反应溶剂，反应温度为 160°C 下分别反应 8h（样品 2），12h（样品 3），16h（样品 4）和 24h（样品 1）所得样品的 XRD 图谱。从图中可以很明显地看出，样品 2、3、4 的 XRD 数据与样品 1 的 XRD 数据一致，所对应的标准卡片也是六角晶型的（JCPDS No. 06-0464）。说明在合成 CuS 的条件下，在很长的反应时间范围内，都能合成出同一晶型的 CuS 样品。

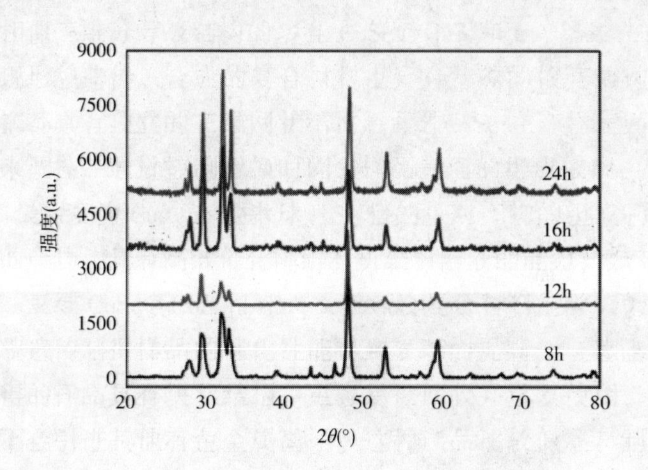

图 3-4　不同反应时间的对比 XRD 图谱

为了研究 CuS 样品 1 三维分等级结构的形成机理，我们在相同的溶剂热反应条件下，在不同的时间（8h、12h、16h 和 24h）得到了样品 2、3、4 和 1。所有样品的电镜形貌都显示在图 3-5 中。从图中可以看出，样品 2［8h，图 3-5（a）］是由一个个直径为 10~20μm 的立方块所构成的，立方块上没有二级结构。当反应时间达到 12h 时［样品 3，图 3-5（b）］，立方块中已经出现了明显的二级结构，每一个立方块由一些比较厚的片状结构所构成，片状结构的厚度为 1μm 左右。接下来，当反应时间达到了 16h［样品 4，图 3-5（c）］时，组成三维立方块上的片状结构厚度变小，大概在 100nm。当反应时间达到 24h［样品 1，图 3-5（d）］时，组成立方块的纳米片则更加薄，大概为 50nm。总的来说，这个过程为先形成没有二级结构的块状物，随着时间的延长，再到由微米片构成的立方块，最后微米片逐渐变为纳米片，且越来越薄。

3.2.2.4 CuS 样品 5、6、7 的反应溶剂对 CuS 的影响

在不同溶剂的反应条件下，合成出三种 CuS 样品（样品 5、6、7），溶剂比例分别加为乙二胺：乙二醇 = 13：3（样品 5），乙二胺：水 = 3：9（样品 6）和乙二胺：水 = 7：9（样品 7）。图 3-6 为样品 1、5、6、7 的对比 XRD 图谱，可以看出，

图 3-5　不同反应时间下的样品形貌图

（a）样品 2；（b）样品 3；（c）样品 4；（d）样品 1

样品 5、6、7 的衍射峰位置与样品 1 一致，这意味着它们对应的是一个 CuS 标准卡片，即为 CuS（JCPDS No. 06-0464），并且都显示出良好的结晶性。

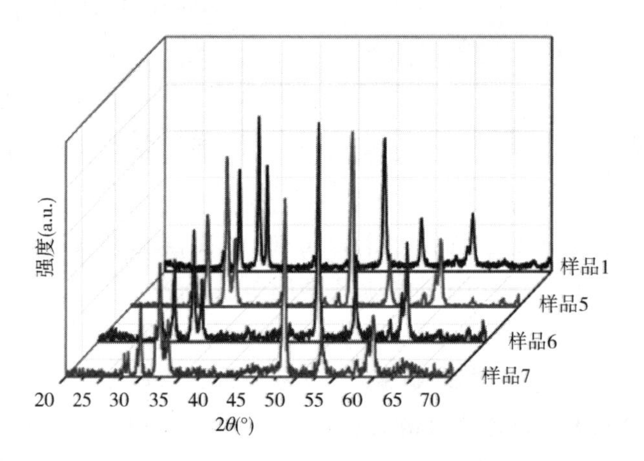

图 3-6　样品 1、5、6、7 的对比 XRD 图谱

图3-7（a）~（d）为样品1、5、6、7的对比电镜图片。它们的合成路线相同，溶剂不同。可以看出，它们都是由片状结构所组成的，只不过大小和尺寸各不相同。与样品1［图3-7（a）］相比，样品5［图3-7（b）］的大体结构与之非常类似，只是片状结构的厚度有所不同，前面提到，样品1每个纳米片的厚度大概为50nm，而样品5中每个微米片的厚度为2~3μm，样品6中每个微米片的厚度大概为1~2μm。而样品6［图3-7（c）］和样品7［图3-7（d）］中，微米片有形成三维分等级块状结构的趋势，但并不十分明显，样品6中每一个微米片的厚度为1~2μm，而在样品7中每一个微米片的厚度为1μm左右。由于物质的形貌与之性能是有着一定联系的，因此，这些不同尺寸、形貌的CuS样品在性能上会有一定的差别。

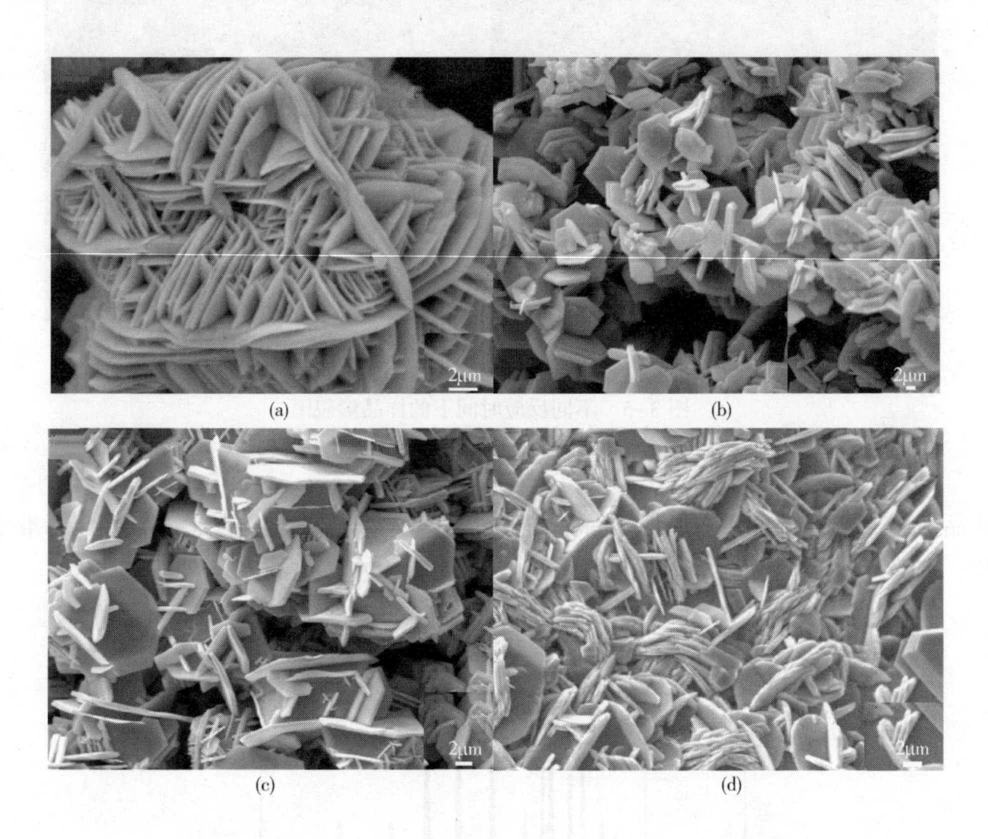

图3-7（a）~（d）为样品1、5、6、7的对比电镜图片

3.2.3　CuS样品的催化性能测试

3.2.3.1　CuS样品1的催化性能测试

在电子天平上称取亚甲基蓝0.0200g于小烧杯中，加水溶解，之后转移至200mL容量瓶中定容，配成100mg/L的亚甲基蓝溶液。用移液管移取20mg/L的亚

甲基蓝溶液10.0mL于200mL容量瓶中定容，配成5mg/L亚甲基蓝溶液。

取30.0mL 5mg/L亚甲基蓝溶液于烧杯中，加10.0mL 30%的H_2O_2，称取最优条件下所合成的样品1（约0.06g）放入其中，于30℃在黑暗条件下搅拌。每隔5min取样3.0mL，用紫外—可见分光光度计测量，直到亚甲基蓝降解完毕。

从图3-8可看出，前5min时，亚甲基蓝已被降解29%，10min后，亚甲基蓝的降解率达到46%，而20min后，亚甲基蓝已被基本降解完全，降解率达到了95%。结果表明，所得到的CuS样品在很短的时间内实现对双氧水的催化，对降解亚甲基蓝起到比较好的催化作用。

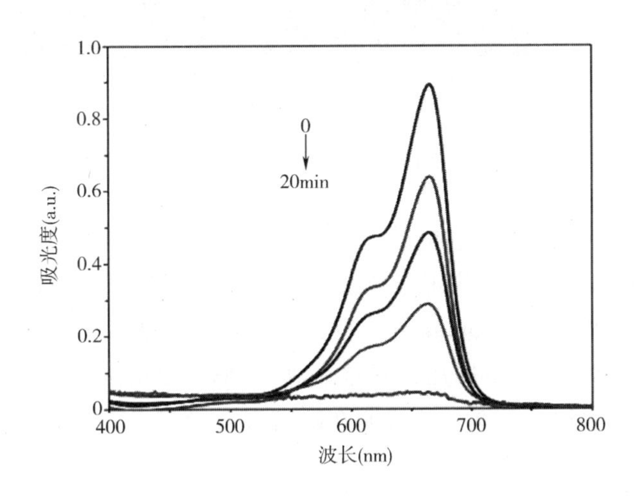

图3-8　样品1催化降解亚甲基蓝的紫外吸收图谱

为了研究样品1对亚甲基蓝的重复降解效果，在相同条件下，用同一个CuS样品1做了7次的重复降解实验（图3-9）。由图可知，在这7次重复降解实验中，亚甲基蓝的被降解率依次为93%、87%、82%、85%、86%、87%、87%，结果中依次减小的降解率是由CuS样品在催化过程中少量流失所造成的，总之，此结果显示出该样品良好的重复催化特性，说明该样品在降解污染物领域存在潜在应用。

该CuS样品在降解亚甲基蓝方面具有较好的效果，因此笔者又选用了亚甲基蓝和同样可以作为污水替代物的大分子染料罗丹明B的混合溶液作为被降解物，查看该催化剂在催化降解混合染料时所起到的作用是否比较明显。于是，我们又配置了5mg/L的罗丹明B溶液15.0mL，与5mg/L的罗丹明B溶液15.0mL混合后，加入10.0mL 30%的H_2O_2，称样品1（约0.06g）放入其中，于室温下在黑暗条件下搅拌。每隔5min取样3.0mL，用紫外—可见分光光度计测量，直到亚甲基蓝降解完毕。

图3-10为催化剂催化降解亚甲基蓝与罗丹明B混合溶液的紫外吸收曲线，

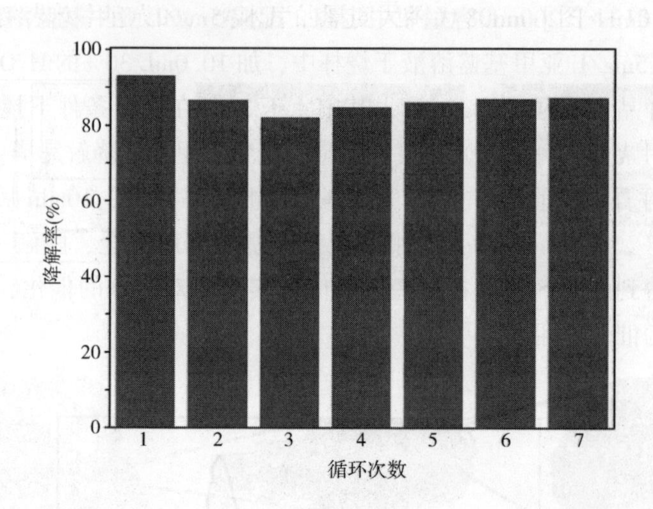

图 3-9　样品 1 的七次重复催化降解亚甲基蓝降解率对比

665nm 处为亚甲基蓝的最大吸收峰处。由图可以看到，5min 后，亚甲基蓝的降解率达到了 57%，10min 后，降解率增至 80%，25min 后亚甲基蓝得到了很好的降解，降解率达到了 97%。相同的，556nm 处为罗丹明 B 的最大吸收峰处，5min 后，罗丹明 B 的降解率达到了 49%，10min 后，降解率增至 66%，25min 后罗丹明 B 也得到了很好的降解，降解率达到了 93%。这说明在降解混合染料中，该 CuS 催化剂也能够起到很好的催化作用。

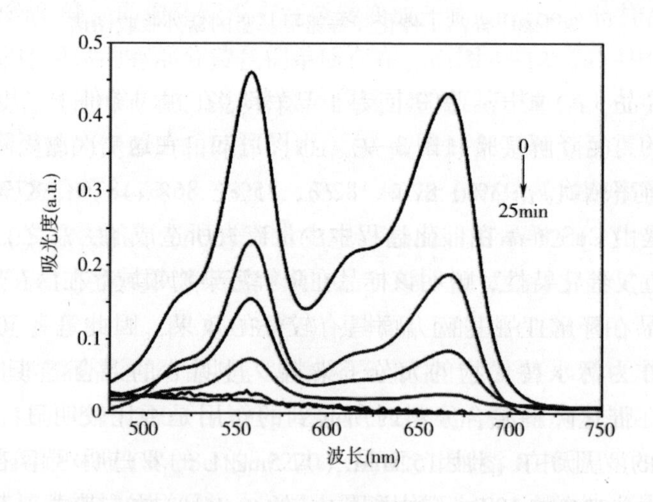

图 3-10　样品 1 催化降解亚甲基蓝与罗丹明 B 混合溶液的紫外吸收曲线

为了体现出所得到的 CuS 样品的优越性，在同样的溶剂热条件下，笔者以铜片为反应前驱物，仍旧以硫粉为硫源，16.0mL 乙二醇为反应溶剂，在 160℃ 时反应

24h 所得到另一种 CuS 样品。然后，在相同的催化条件下（配制 10mg/L 亚甲基蓝溶液 50.0mL，加入 5.0mL 双氧水），分别加入 CuS 样品 1 和新合成的以铜片为基底的 CuS（0.05g），观察在一定的时间内，哪种 CuS 样品对亚甲基蓝的降解更好。图 3-11 则为样品 1 和以铜片为基底反应合成的 CuS 催化降解亚甲基蓝的降解率曲线。由图可知，当亚甲基蓝溶液被降解至 90%以上时，样品 1 所用的时间为 100min，远远小于铜片为基底反应合成的 CuS 所需要的催化时间（210min），这一结果更显示所合成样品在降解染料废水中具有一定的优越性。

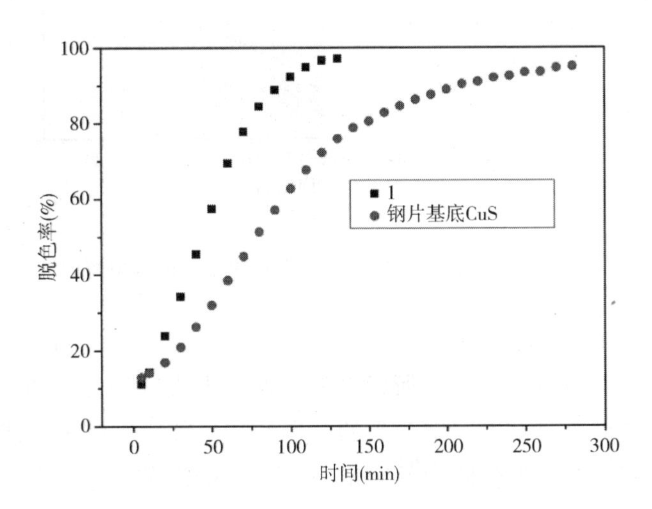

图 3-11 样品 1 与以铜片为基底反应合成的 CuS 催化降解亚甲基蓝的降解率曲线

3.2.3.2 CuS 样品 2、3、4 的催化性能测试

图 3-12 显示的是样品 1、2、3、4（24h、8h、12h、16h）在相同条件下（0.05g 催化剂，5.0mL 双氧水，50.0mL 10mg/L 亚甲基蓝）催化降解亚甲基蓝所得到的亚甲基蓝降解率曲线。由图可知，不同时间段的样品 1、2、3、4 对亚甲基蓝的降解程度差别不大，在 100~120min 的时间即能将亚甲基蓝溶液降解完全，这说明了在以 16.0mL 乙二醇为溶剂条件下所合成的不同时间段的 CuS 样品对染料亚甲基蓝的降解均有良好的效果。

3.2.3.3 CuS 样品 5、6、7 的不同溶剂合成 CuS 样品催化性能测试

样品 5、6、7 降解亚甲基蓝的降解率曲线见图 3-13（0.05g 催化剂，5.0mL 双氧水，50.0mL 10mg/L 的亚甲基蓝）。在曲线中，样品 5 作为催化剂催化降解亚甲基蓝达到 90%以上所需要的时间为 130min，稍稍长于样品 1 降解亚甲基蓝所需要的时间（100min），这可能是由于样品 5 与样品 1 在形貌上最为类似，但每一个片状结构要厚于样品 1，造成样品 5 所需时间稍稍长于样品 1 的结果。与样品 5 不同，样品 6 和样品 7 对亚甲基蓝的降解就显得缓慢得多，在亚甲基蓝的降解率达到 90%时，它

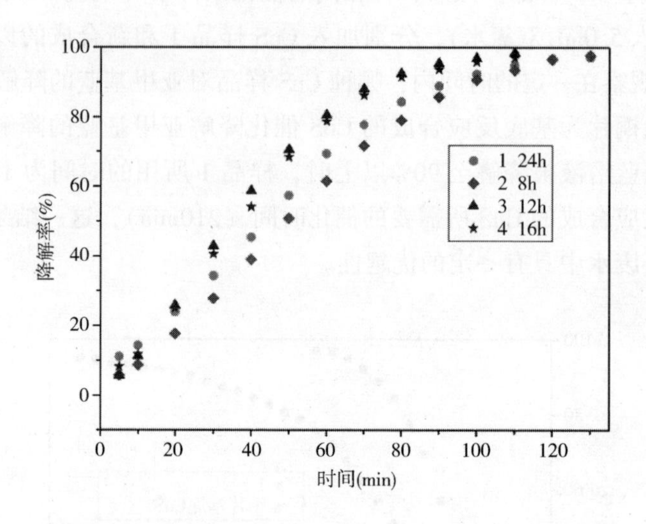

图 3-12　样品 1、2、3、4 对染料亚甲基蓝的降解率曲线

们所需要的时间为 190min。究其原因，可能是由于样品 6 和样品 7 形貌只是趋于形成样品 1 那样的三维分等级结构，所以其催化性能上表现较为普通。该数据说明样品的催化性能与之形貌是有着一定关系的，当然与组装成三维分等级结构的片状结构的厚度在一定程度上对催化降解反应也有着一定的影响。总之，说明所合成的样品 1 在催化降解染料废水方面具有显著优势。

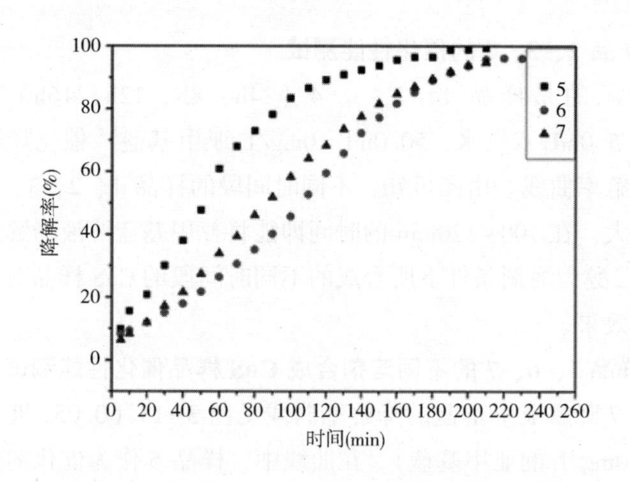

图 3-13　样品 5、6、7 降解亚甲基蓝的降解率曲线

3.2.4　结论

笔者以三维网络结构的泡沫铜为模板，以硫粉为硫源，16.0mL 乙二醇为反应溶

剂，在溶剂热条件下，成功合成具有三维分等级微米块结构的 CuS 样品 1，并且将其作为降解亚甲基蓝及亚甲基蓝与罗丹明 B 混合溶液的类芬顿催化剂，取得了很好的效果。在七次的重复降解实验中，该 CuS 样品 1 仍能保持很好的亚甲基蓝降解率，说明了此样品在催化降解染料废水领域具有潜在应用价值。为了研究样品 1 三维分等级微米块结构的形成机理，又调整反应时间合成了样品 2、3、4，通过观察样品的电镜照片，得到了该三维结构的形成过程。为了证明所合成样品 1 所具有的良好催化特性，以铜片为反应基底，其他反应条件与样品 1 的合成条件相同来制备对比样，所得到的样品与样品 1 一起降解相同浓度的亚甲基蓝溶液。实验证明，样品 1 的催化降解效果远远好于以铜片为基底所得到的 CuS。另外，通过调整反应溶剂比例，又合成出与样品 1 具有不同形貌或尺寸的样品 5、6、7，在相同的条件下，和样品 1 一起降解相同浓度的亚甲基蓝溶液。结果表明，相同晶型的 CuS 样品具有不同形貌或尺寸催化降解亚甲基蓝的性能不同。总之，该实验证明了本节中合成的这种以薄纳米片堆积而成的具有三维分等级构型的 CuS 样品 1 在催化染料废水中有显著优势。同时，这种以三维泡沫铜反应基底的方法也可以应用到其他硫族化合物的合成中去。

3.3　Cu_2S 三维分等级结构的合成与催化性能研究

3.3.1　三维分等级结构 Cu_2S 的制备

三维分等级结构的 Cu_2S 样品是在一个典型的溶剂热条件下合成的。将 0.0900g 泡沫铜（1cm×1cm；厚度：1mm）作为反应模板，0.0900g 硫粉作为反应硫源，混合放入 20.0mL 聚四氟乙烯内衬的不锈钢反应釜中，然后加入 4.0mL 乙二胺和 12.0mL 蒸馏水作为反应溶剂，将反应釜密封放进鼓风干燥箱中，在 160℃下反应 24h。反应结束后自然冷却至室温，取出反应釜。所得到的黑色产品上面可能会有一部分的硫粉残留，用二硫化碳浸泡 10min 洗去，然后分别用去离子水和无水乙醇反复清洗产物数次，在 60℃干燥箱中干燥 6~8h。产物干燥后收集于样品管中，于干燥器中放置待用。

3.3.2　表征

图 3-14 为 Cu_2S 样品的 XRD 衍射图。从上至下，第一组峰为我们所合成的样品 Cu_2S 的衍射峰，第二组峰为 Cu_2S 标准峰［JCPDS 2-1272，晶格参数为 a = 1.18nm（11.8Å），b = 2.72nm（27.2Å），和 c = 2.27nm（22.7Å）］。由图可以看出，样品 Cu_2S 的每一个明显的衍射峰基本上都与标准峰对应的很好，没有任何明显的杂峰。说明笔者所合成的样品非常纯净，为正交晶系的 Cu_2S。

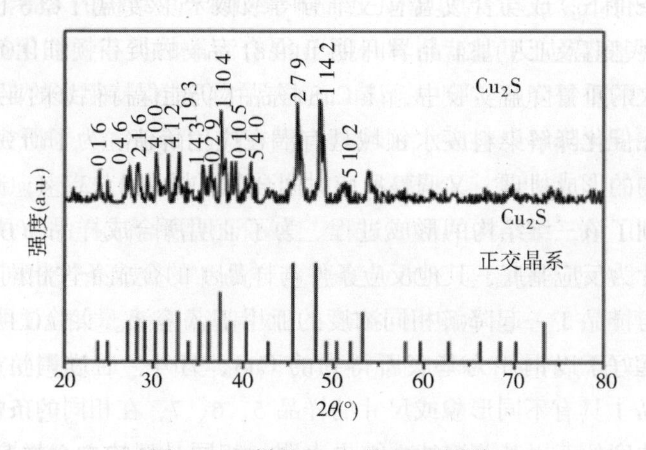

图 3-14　样品 Cu_2S 的 XRD 图谱

图 3-15 为 Cu_2S 样品的 X 射线能谱分析（EDX）。数据显示出样品中铜原子与硫原子的比例 Cu：S = 65.87：34.13，接近于 2：1，正好与所测得的 XRD 数据相吻合。

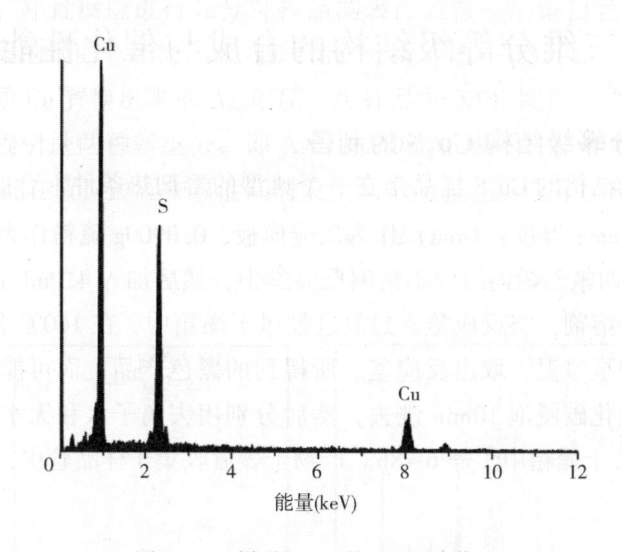

图 3-15　样品 Cu_2S 的 EDX 图谱

笔者所合成出来的 Cu_2S 样品同样也是生长在三维泡沫铜上面的。图 3-16（a）为基底泡沫铜的电镜图片，可以看出它具有三维贯穿的网络结构。像许多的骨骼拼接到一起，每两个骨骼之间组合成一个节点。图 3-16（b）、（c）、（d）为 Cu_2S 样品的电镜图片。由图 3-16（b）可以看出，在基底泡沫铜上生长着许多三维微米球状物，其直径为 150~200μm。图 3-16（c）和（d）为高倍率下的电镜照片。由图可以很清楚地看出，此微米球也拥有二级结构，是由一个个排列无序的微米棒所构成，每个微米棒的直径为 3~8μm，长度为 80~150μm。

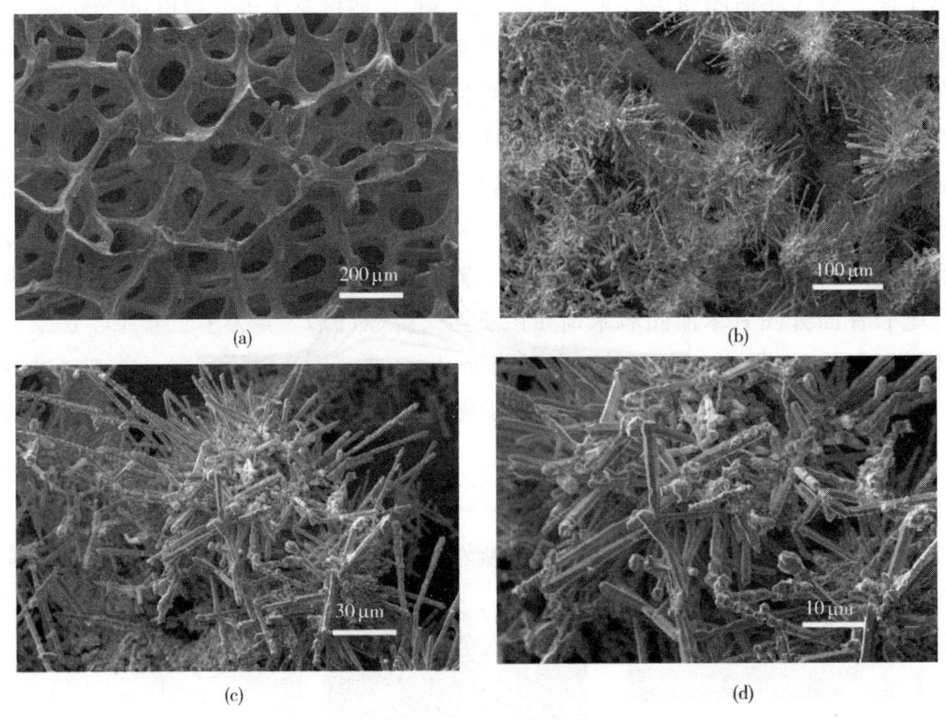

图 3-16　Cu_2S 样品形貌图

（a）低倍率下泡沫铜的电镜图片；（b）样品 Cu_2S 在 200 倍时的电镜图片；
（c）样品 Cu_2S 在 500 倍时的电镜图片；（d）样品 Cu_2S 在 1000 倍时的电镜图片

3.3.3　Cu_2S 样品的催化降解实验

在分析天平上称取亚甲基蓝 0.0200g，置于小烧杯中，加水溶解，之后转移至 200mL 容量瓶中定容，配成 100mg/L 的亚甲基蓝溶液。用移液管移取 20mg/L 的亚甲基蓝溶液 10.0mL 于 200mL 容量瓶中定容，配成 5mg/L 亚甲基蓝溶液。

取 30.0mL 5mg/L 亚甲基蓝溶液于烧杯中，加 5.0mL 30%的 H_2O_2，称取最优条件下所合成的 Cu_2S（约 0.06g）放入其中，于 5℃下在黑暗条件下搅拌。每隔 5min 取样 3.0mL，用紫外—可见分光光度计测量，直到亚甲基蓝降解完毕。从图 3-17 可看出，在 5 ℃时，Cu_2S 催化双氧水降解亚甲基蓝的速度比较缓慢，130min 后才使得亚甲基蓝降解完全。

降解温度为 30 ℃时：取 30.0mL 5mg/L 亚甲基蓝溶液于烧杯中，加 5.0mL 30%的 H_2O_2，称取最优条件下所合成的 Cu_2S（约 0.069g）放入其中，于 30℃下在黑暗

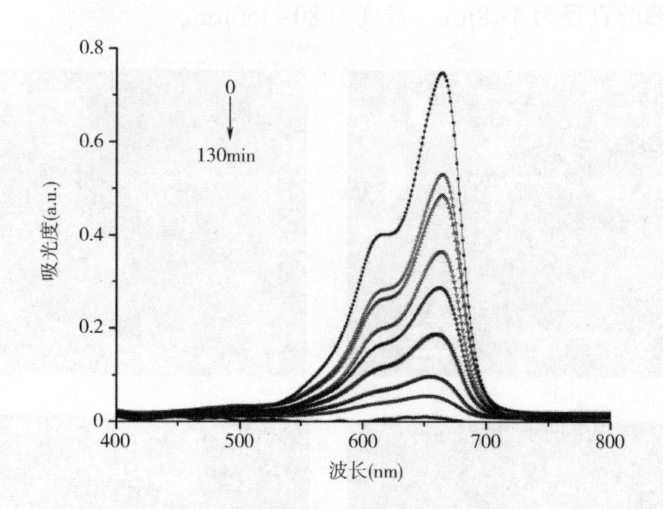

图 3-17　5 ℃时 Cu_2S 催化双氧水降解亚甲基蓝紫外吸收曲线

条件下搅拌。每隔 5min 取样 3.0mL，用紫外—可见分光光度计测量，直到亚甲基蓝降解完毕。从图 3-18 可看出，在 30℃时，Cu_2S 催化双氧水降解亚甲基蓝的速度就明显加快，仅用了 55min 就使得亚甲基蓝全部降解完全，比在 5℃时速率快了一倍还多。

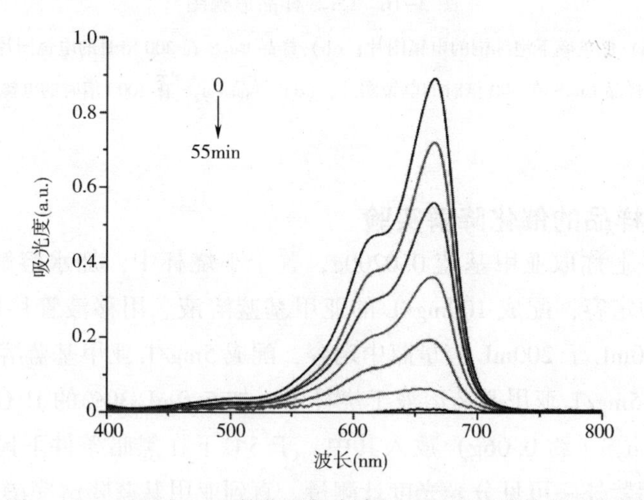

图 3-18　30℃时 Cu_2S 催化双氧水降解亚甲基蓝紫外吸收曲线

根据以 Cu_2S 作为催化剂，分别在 5℃和在 30℃下催化双氧水降解亚甲基蓝的紫外吸收曲线（图 3-17、图 3-18），得出亚甲基蓝的被降解速率在 5℃时要明显小于在 30℃时的结论，这说明温度对于催化剂催化双氧水降解亚甲基蓝起明显作用。

3.3.4　结论

我们选用泡沫铜作为铜源和模板，以水和乙二醇为混合溶剂，通过原位生长和溶剂热法，在泡沫铜表面构筑了微米棒的 Cu_2S 微纳米材料。该材料在用作类芬顿催化剂时，在 H_2O_2 的协助下表现出卓越的催化降解亚甲基蓝效率，该工作为制备具有新颖结构的微纳米材料提供了新思路，为治理环境污染提供了更多选择。

3.4　$Cu_{2-x}Se$ 三维分等级牡丹花状结构的合成与催化性能研究

3.4.1　三维分等级牡丹花状结构 $Cu_{2-x}Se$ 的制备

在这个实验中，首先，在天平上称取 30mmol 的 Na_2SO_3，将之溶解到 50mL 的蒸馏水中，于水浴锅中加热到 90℃，接下来称取 10mmol 的硒粉，倾倒于配制好的 Na_2SO_3 溶液中，加热搅拌 5min，最后称取 10mmol 的 NaOH 加入上述混合溶液中，继续加热搅拌直到溶液变为澄清，放置待用。

三维分等级结构的 $Cu_{2-x}Se$ 样品是在一个典型的溶剂热条件下合成的。将 0.0332g 泡沫铜（1cm×1cm；厚度：1mm）作为反应模板，放入 20.0mL 聚四氟乙烯内衬的不锈钢反应釜中，然后加入 3.0mL 硒溶液、12.0mL 乙二醇和 1mL 乙二胺作为反应溶剂，将反应釜密封放进鼓风干燥箱中，在 160℃ 下反应 8h。反应结束后自然冷却至室温，取出反应釜。所得到的黑色产品分别用去离子水和无水乙醇反复清洗产物数次，在 60℃ 干燥箱中干燥 6~8h。产物干燥后收集于样品管中，于干燥器中放置待用。

3.4.2　表征及催化性能研究

图 3-19 为 160℃ 下反应 24h 所得到的 $Cu_{2-x}Se$ 样品的 XRD 衍射图。从上至下，第一组峰（a）为我们所合成的样品 $Cu_{2-x}Se$ 的衍射峰，第二组峰（b）为 $Cu_{2-x}Se$ 标准峰（JCPDS 6-680，晶格参数为 $a=0.5739$nm），为立方晶型。由图可以看出，基本上样品 $Cu_{2-x}Se$ 的每一个明显的衍射峰都与标准峰对应的很好，没有任何明显的杂峰。说明我们所合成的样品的纯度比较高，八个主峰对应的 2θ 角度分别为 27.14°、31.31°、44.95°、53.15°、65.39°、72.06°、82.78°、88.76°，所对应的八个晶面依次为（111）、（200）、（220）、（311）、（400）、（331）、（422）和（511）。

图 3-20（a）为原始泡沫铜基底的电镜图片。可以看出它的表面非常光滑，拥有三维贯穿网络结构。$Cu_{2-x}Se$ 样品的扫描电镜形貌呈现在图 3-20（b）~（f）中。

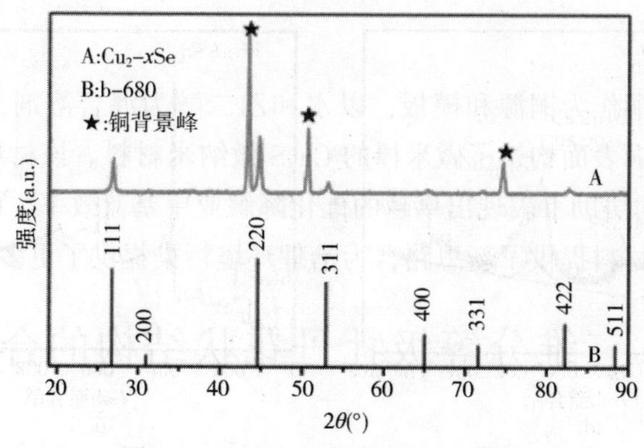

图 3-19 $Cu_{2-x}Se$ 样品 XRD 衍射图

从低倍率的扫描电镜图片［图 3-20（b）、（c）］中，相比于表面光滑的泡沫铜基底，可以看到大量分布均匀、排列紧密的三维牡丹花状微米结构生长在三维泡沫铜基底上。图 3-20（d）为稍微放大的扫描电镜图片，我们可以看到每个三维牡丹花状的结构其直径大约在 5μm。从场发射扫描电镜［图 3-20（e）、（f）］图片中，可以很明显地观察到每个三维牡丹花状的微米结构都是由长度为 2~3μm，厚度为 50nm 左右的纳米片堆积而成的，说明该形貌也是拥有分等级结构的三维结构。

在分析天平上分别称取亚甲基蓝 0.0200g 于两个小烧杯中，加水溶解，之后转移至 200mL 容量瓶中定容，配成 100mg/L 亚甲基蓝溶液和罗丹明 B 溶液。用移液管分别移取 20mg/L 亚甲基蓝溶液和罗丹明 B 溶液 10.0mL 于 200mL 容量瓶中定容，分别配成 5mg/L 亚甲基蓝溶液和罗丹明 B 溶液。

（1）取 30.0mL 5mg/L 亚甲基蓝溶液于烧杯中，加 15.0mL 30%的 H_2O_2，称取最优条件下所合成的 $Cu_{2-x}Se$（约 0.5g）放入其中，置于 30℃环境中，在黑暗条件下搅拌。每隔 5min 取样 3.0mL，用紫外—可见分光光度计测量，直到亚甲基蓝降解完毕。

（2）取 30.0mL 5mg/L 罗丹明 B 溶液于烧杯中，加 15.0mL 30%的 H_2O_2，称取最优条件下所合成的 $Cu_{2-x}Se$（约 0.5g）放入其中，置于 30℃环境中，在黑暗条件下搅拌。每隔 5min 取样 3.0mL，用紫外—可见分光光度计测量，直到亚甲基蓝降解完毕。

（3）取 30.0mL 5mg/L 罗丹明 B 溶液于烧杯中，加 15.0mL 30%的 H_2O_2，于 30℃下在黑暗条件下搅拌。每隔 5min 取样 3.0mL，用紫外—可见分光光度计测量。

（4）取 30.0mL 5mg/L 罗丹明 B 溶液于烧杯中，称取最优条件下所合成的 $Cu_{2-x}Se$（约 0.5g）放入其中，置于 30℃下在环境中黑暗条件下搅拌。每隔 5min 取样 3.0mL，用紫外—可见分光光度计测量，直到亚甲基蓝降解完毕。

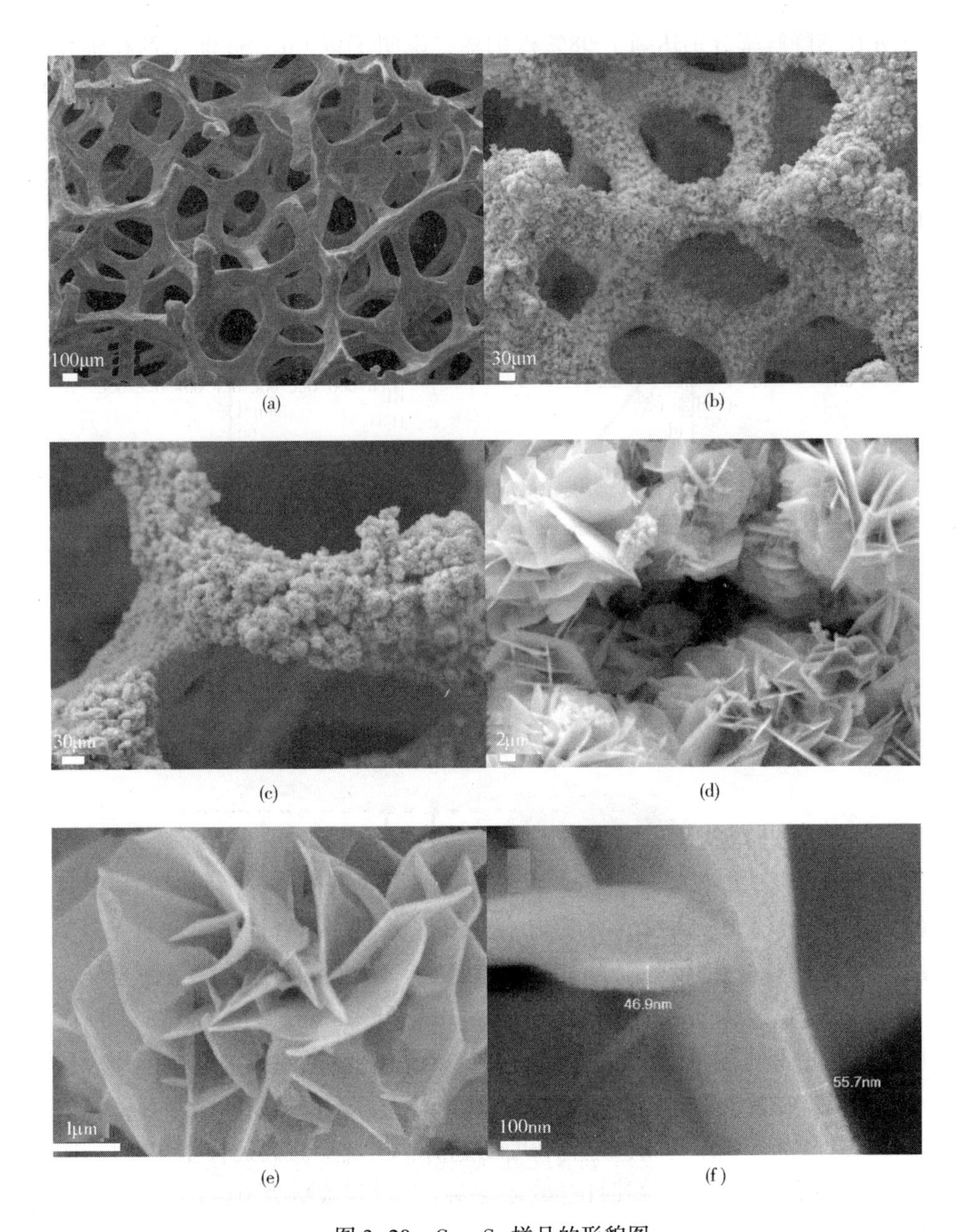

(a) (b) (c) (d) (e) (f)

图 3-20 $Cu_{2-x}Se$ 样品的形貌图

(a) 泡沫铜基底电镜图片；(b)、(c)、(d) 低倍率下所合成样 $Cu_{2-x}Se$ 的电镜图片；(e)、(f) $Cu_{2-x}Se$ 样品的场发射扫描电镜图片

图 3-21 为 $Cu_{2-x}Se$ 与双氧水混合溶液分别降解亚甲基蓝与罗丹明 B，$Cu_{2-x}Se$ 单独降解罗丹明 B，双氧水单独降解罗丹明 B 的降解率曲线。从 a 曲线和 b 曲线可以看出，10min 后，51%的亚甲基蓝和 61%的罗丹明 B 分别被降解，30min 后，亚甲基蓝

与罗丹明 B 的降解率分别达到了 98% 和 91%，说明了该 $Cu_{2-x}Se$ 催化剂在催化降解染料方面有着比较好的效果。从 *c* 曲线和 *d* 曲线可以看出，单独的 $Cu_{2-x}Se$ 和单独的双氧水并不能使得罗丹明 B 产生明显的降解。这说明了只有 $Cu_{2-x}Se$ 催化剂和双氧水共同作用的情况下，才能使得染料产生降解反应，$Cu_{2-x}Se$ 的加入加速了染料的降解。

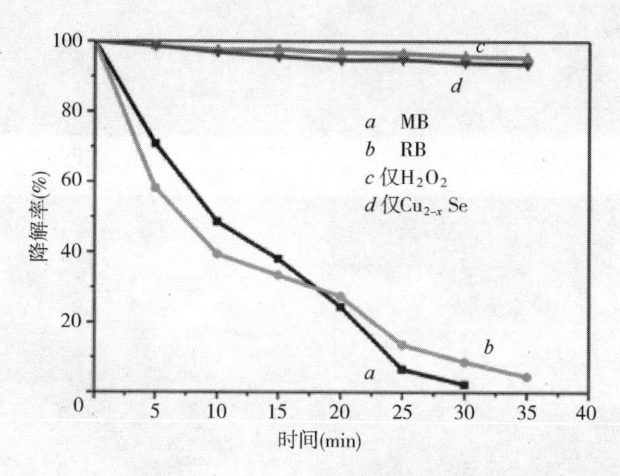

图 3-21　$Cu_{2-x}Se$ 催化 H_2O_2 降解亚甲基蓝与罗丹明 B 的降解率曲线

3.4.3　三维牡丹花状 $Cu_{2-x}Se$ 形成机理的探讨

为了探讨三维牡丹花状 $Cu_{2-x}Se$ 的形成机理，在不同时间及不同温度下又合成一系列的样品 2、3、4（反应时间分别为 1h、2h、4h。其他合成条件与样品 1 一致）和样品 5、6、7（反应温度分别为 100℃、120℃、140℃。其他合成条件与样品 1 一致）。

（1）不同时间：图 3-22 为不同反应时间 $Cu_{2-x}Se$ 样品的扫描电镜图片。从图中我们可以看出，在反应时间为 1h 时，样品的形貌为许多不规则的纳米片，其中一部分纳米片较其他的片状结构大并且有卷曲的趋势，当反应时间延长至 2h 时，图中的一部分片状结构已经长大卷曲并且自组装成一个个直径大概为 10~15μm 的微米球结构，当反应时间延长至 4h 时，由图 3-22（c）可以看出，与图 3-22（b）相比，越来越多的纳米片已经自组装成为 3D 微米球结构。当反应时间延长为 8h 时［图 3-22（d）］，由图可知，在 4h 时形成的微米球裂开便形成了美丽的 3D 牡丹花状结构。

（2）不同温度：图 3-23 为不同时间段 $Cu_{2-x}Se$ 样品的扫描电镜图片。从图中可以看出，如图 3-23（a）所示，当反应温度为 100℃ 时，样品的形貌为许多直径为 4μm 左右的微米球所组成，如图 3-23（b）所示，当反应温度上升至 120℃ 时，图

(a) (b) (c) (d)

图 3-22　不同时间段的 $Cu_{2-x}Se$ 样品的电镜图片

(a) 1h（样品 2）；(b) 2h（样品 3）；(c) 4h（样品 4）；(d) 8h（样品 1）

中的少量微米球结构已经裂开变成了片状结构。如图 3-23（c）所示，当反应温度达到 140℃时，可以看出，与图 3-23（b）相比，越来越多的微米球结构已经打开形成了由片状结构堆积而成的牡丹花状形貌。如图 3-23（d）所示，当反应温度上升为 160℃时，由图可知，几乎所有的微米球结构都裂开形成了美丽的 3D 牡丹花状结构。

图 3-24 为不同时间段 $Cu_{2-x}Se$ 样品的 XRD 图谱。可以看出，样品 5、6、7 的 XRD 衍射峰与样品 1 的 XRD 衍射峰是一致的，即都与 $Cu_{2-x}Se$ 标准卡片（JCPDS No. 06-680）相对应。最强峰所对应的晶面为（111）晶面。然而随着时间的延长（从下至上），可以发现，各个产品的（111）、（220）、（311）、（400）、（331）和（422）晶面所对应的衍射峰是逐渐加强的。由此可以得出，该 XRD 图谱能够很好地说明样品所对应的扫描电镜图片（图 3-23）中片状结构的逐渐生长过程。

3.4.4　结论

笔者使用具有三维贯穿网络结构的泡沫铜为反应基底，以硒粉配制的硒盐为反

图 3-23　不同温度下合成 $Cu_{2-x}Se$ 样品的电镜图片

（a）100℃（样品 5）；（b）120℃（样品 6）；（c）140℃（样品 7）；（d）160℃（样品 1）

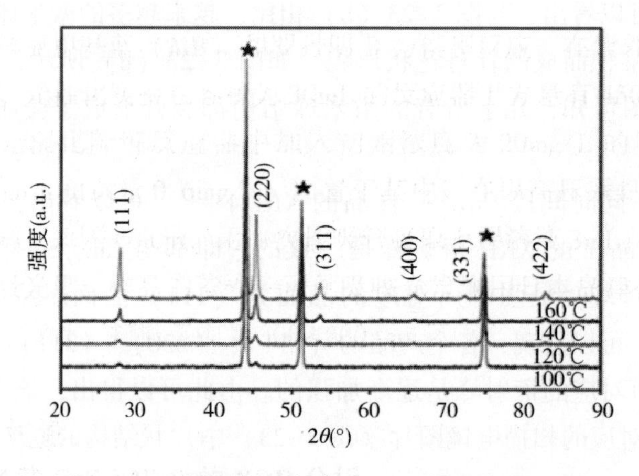

图 3-24　不同温度下合成 $Cu_{2-x}Se$ 样品的 XRD 图

应的硒源，在溶剂热条件下，合成具有三维分等级结构的、以纳米片组装成的、具

有三维牡丹花状的 $Cu_{2-x}Se$。作为硫族化合物的 $Cu_{2-x}Se$ 在催化降解实验中，取得了比较好的效果。总之，该实验证明了合成的这种以泡沫铜为三维基底所得到的 $Cu_{2-x}Se$ 在催化染料废水中的显著优势，尤其是在循环使用方面，在工业应用中具有巨大潜力。

第4章　离子置换法构筑多元铜基类芬顿催化剂

4.1　阴离子交换法提高 CuS 催化性能

4.1.1　引言

在过去的十几年中，由纳米纤维、纳米片、纳米带作为基本组成单元，具有三维分等级结构材料的合成引起了科研人员极大的兴趣。有序的三维分等级结构不仅具有基本组成单元的优点，更重要的是这些多级材料能够表现出卓越的性能。这些结构能够提供较大的比表面积和足够的活性位点，从而改善材料的性能。

硫化铜是重要的硫族化合物半导体之一，因其广泛应用于传感器、太阳能转换材料、电极材料、催化材料和非线性光学材料而备受关注。到目前为止，硫化铜纳米晶的制备已经得到广泛的研究，制得的产品包括零维纳米晶材料（纳米颗粒）、一维的纳米晶材料（纳米线）和二维的纳米晶材料（纳米片）。低维纳米晶可以继续生长或者自组装成具有三维分等级结构的纳米材料。例如，有鸟巢状的空心球材料（通过油水界面的方法），核壳微米花材料（在氮气氛里 130～180℃ 的条件下合成），空心纳米球和纳米花材料（利用一个新颖的配合物作为前驱体制备而成）等。然而，这些材料在合成过程中仍然存在着或多或少的不足之处，如需要高温、对环境条件要求苛刻、合成路线复杂等。上述提及的具有三维微观结构的纳米晶材料，在宏观上都是微米颗粒，因此，在制备过程、后处理过程、以及回收利用等方面有很大的麻烦。据文献调研，在低温下制备具有三维微纳米分等级块状硫化铜晶体的研究还很少有报道。

离子交换技术最近被广泛应用于分析化学、生物柴油的制备和对腐殖酸的吸附等方面。此外，离子交换技术也可以应用于有目的的制备具有某一特殊性能的新颖材料方面。当前，离子交换技术已经用于热注入方法来制备离子晶体，得到的新材料会继承母体材料的颗粒尺寸和形貌。这种现象被称为形貌遗传。除了继承母体材料形貌之外，新材料也将保留母体材料的基本性质，甚至会呈现一些更优越或者新颖的性能，比如电化学性能、光电转化性能或者对过氧化氢的敏感性等，这些优化的性能或者新增的性能都归功于组成纳米晶体元素的改变。离子交换方法具有一定的独到之处，其利用现成的晶格作为模板来制备新颖的具有异质结构的材料，这是一般的方法无法比拟的。例如，利用完全阴离子交换的方法，以 ZnO 作为前驱体，以硫粉作为交换离子，合成的高质量的 ZnS 纳米颗粒；通过部分的阳离子交换法成功地实现了 PbS 纳米棒向 CdS/PbS 异质结纳米棒的转换、通过部分阳离子交换法合成了 CdS-Ag_2S 纳米棒超晶材料；通过离子交换制备了具有核壳结构的 Au-Cu_xOS，其具有多孔的外壳。从以往的研究中我们发现大致可以归纳为以下三种情况：①通过完全彻底的离子交换可以获得具有单一组成的纯化合物；②通过部分或者选择性的离子交换可以制备复合的或者具有异质结构的材料；③通过离子交换方法可以制备出具有核壳结构的复合材料，但是由于其紧凑的结构导致其过渡层不太明显，或者前驱体的内外层结构具有不同的组成。与之前的研究相比，本章研究策略是针对内外组分相同的材料，完全的或者部分的改变表层材料的组成，而不改变内部材料的组成，从而最大限度的实现两种材料的优势互补。本章将利用具有特殊结构的化合物作为模板，通过一步离子交换的方法在适当的条件下制备新颖的材料并实现形貌遗传。在固态化学领域，改变基底的组成而不改变其形貌和结构仍然是一个巨大的挑战。

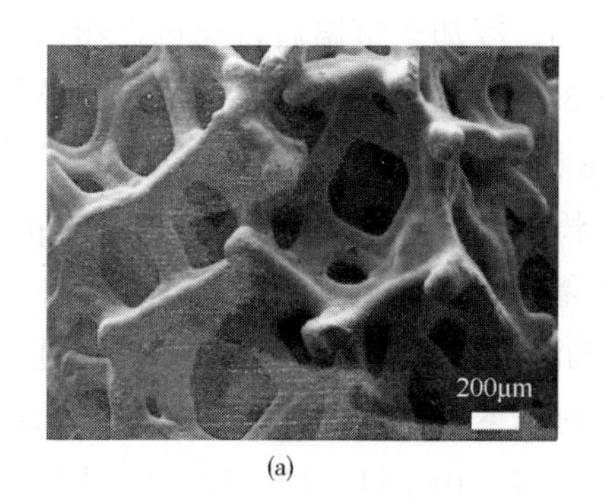

(a)

(b)

图 4-1　形貌图

（a）泡沫铜的扫描电子显微镜图片；（b）样品 1 的低倍率电镜照片

这部分工作中，首先选择具有三维网状结构的泡沫铜［图 4-1（a）］作为模板，在低温条件（60℃）下一步原位合成有序三维分等级毛线团状硫化铜微米球，并且硫化铜微米球牢牢的生长在三维多孔骨架的表面。据文献调研，在低温下合成具有三维分等级结构的块状硫化铜微米球未有过报道。然后，我们用上述合成的硫化铜微米球作模板，通过与硒单质的离子交换反应来制备具有相似形貌的CuSe@ CuS和 $Cu_{1.8}Se$@ CuS 三元复合材料，其较大程度地继承了硫化铜微米球的形貌。这种方法与之前的方法相比具有独特的优势，其不仅能够将卓越的形貌遗传给制备的新材料，更重要的是，这种结构使得两种材料的性能达到最优，实现了它们的优势互补。当用作催化剂时，其还可以提供大的比表面积和较多的活性位点。这几种材料也是很好的类 Fenton 催化剂，可以加快过氧化氢的催化分解，释放出羟基自由基，从而高效地降解亚甲基蓝和罗丹明 B。本工作中所制备的催化剂不仅继承了 Fenton 催化剂的优点，如高效、低廉、合成步骤简单等，同时更容易被回收利用，这是一般Fenton催化剂所不能及的。更令人惊讶的是，通过置换所得的三元复合材料，尤其是$Cu_{1.8}Se$@CuS，降解亚甲基蓝和罗丹明B的能力远远超过了第一步制备的硫化铜微米球。

4.1.2 实验部分

4.1.2.1 原位合成三维分等级毛线团状CuS微米球

三维分等级硫化铜微米球是通过一种简单的溶剂热法制备的。在制备过程中，0.09g升华硫、15mL *N*，*N*–二甲基甲酰胺（DMF）、0.25mL的浓盐酸依次加入容量为20mL的聚四氟乙烯内衬中。混合溶液在室温下用玻璃棒搅拌几分钟直至硫粉和浓盐酸在*N*，*N*–二甲基甲酰胺中分散均匀。然后将剪好的0.09g泡沫铜（厚度：0.2mm；1.5cm × 1.5cm）放于上述反应体系中，将内衬装入不锈钢反应釜外胆中，并旋紧，置于60℃恒温鼓风干燥箱内反应16h。冷却至室温后将黑色产物从反应釜中取出，并依次用去离子水和95%乙醇洗涤3~5次。最后将块状的CuS晶体置于真空干燥箱内60℃下干燥8h，然后标记为样品1，待用。

此外，为研究三维分等级CuS晶体的生长机理，笔者考察了溶剂体系的pH和反应时间对其生长的影响。针对每个影响因素都进行了几组平行实验。样品2的溶剂体系是16mL *N*，*N*–二甲基甲酰胺，样品3的溶剂体系是12mL *N*，*N*–二甲基甲酰胺和4mL无水乙二胺。样品4、5、6、7的溶剂体系里面分别加入浓盐酸的量依次为0.05mL、0.15mL、0.25mL、0.35mL。样品8、9、10、11、12、13、14的反应时间依次为0.5h、2h、4h、10h、16h、20h、24h。这些样品的后处理步骤均与样品1一样。详细的制备条件见表4–1。

表4–1 样品1~14的制备条件

样品编号	反应时间（h）	溶剂体系
样品1（6和12）	16	15mL DMF+0.25mL HCl
样品2	16	16mL DMF
样品3	16	12mL DMF+4mL HCl
样品4	16	15mL DMF+0.05mL HCl
样品5	16	15mL DMF+0.15mL HCl
样品7	16	15mL DMF+0.35mL HCl
样品8	0.5	15mL DMF+0.25mL HCl

续表

样品编号	反应时间（h）	溶剂体系
样品 9	2	15mL DMF+0.25mL HCl
样品 10	4	15mL DMF+0.25mL HCl
样品 11	10	15mL DMF+0.25mL HCl
样品 13	20	15mL DMF+0.25mL HCl
样品 14	24	15mL DMF+0.25mL HCl

4.1.2.2　三维多孔分等级 CuSe@CuS 和 $Cu_{1.8}Se$@CuS 微米球的制备

通过形貌遗传的方法，以样品 1 作为模板，经不同的反应时间，制备了具有三维分等级结构的 CuSe@CuS 和 $Cu_{1.8}Se$@CuS 微米球。为减小离子置换对形貌的影响，在这个过程中所选用的溶剂体系和样品 1 合成的溶剂体系一样，仅改变反应温度，反应时间和原材料。合成条件如下：升华硫和泡沫铜分别被 0.0276g 硒粉和 0.1100g 样品 1 所替代，合适的反应温度为 160℃。

为了详细地探讨置换步骤对产物的影响，笔者制备了不同置换时间产品。样品 15~26 的置换时间依次为 1h、2h、4h、6h、8h、9h、10h、12h、14h、16h、18h 和 30h。此外，笔者也考察了硒粉的量对置换产物的影响。根据类似样品 25 的合成方法，我们制备了样品 27 和 28，加入硒粉的量分别为 0.0092g 和 0.0875g。所有置换产物的后处理方法都与样品 1 一样。详细的制备条件见表 4-2。

表 4-2　置换样品的制备条件

样品编号	硒粉的量（g）	置换时间（h）
样品 15	0.0276	1
样品 16	0.0276	2
样品 17	0.0276	4
样品 18	0.0276	6
样品 19	0.0276	8
样品 20	0.0276	9
样品 21	0.0276	10
样品 22	0.0276	12
样品 23	0.0276	14
样品 24	0.0276	16
样品 25	0.0276	18

续表

样品编号	硒粉的量（g）	置换时间（h）
样品 26	0.0276	30
样品 27	0.0092	18
样品 28	0.0875	18

4.1.3 结果讨论

4.1.3.1 毛线团状 CuS 微米球的物相表征

通过扫描电子显微镜观察了样品 1 的形貌，由图 4-1（b）和（a）可以看出样品 1 继承了泡沫铜三维网状结构，并且三维结构上面还覆盖了大量的毛线团状微米球。微米球的直径在 20~30μm。图 4-2（a）的插图是三维骨架的截面图，其说明三维骨架是由几个不同直径的多孔微米管组合而成的，因此这种材料可以提供大的比表面积和更多的反应位点。图 4-2（b）为单个微米球的 SEM 图片，不难看出微米球是有许多大约 2μm 厚的微米片组成的，同时微米片是有几个大约 50nm 厚的纳米片组成的［图 4-6（b）］。这种多孔的三维分等级结构具有大的比表面积和多的活性位点，这将极大地增强材料的催化性能和光电性能。

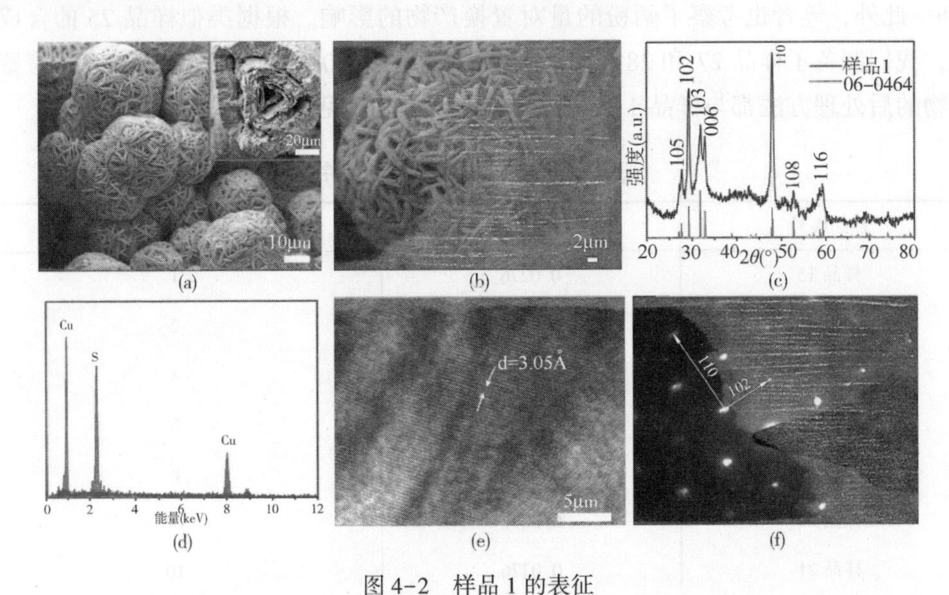

图 4-2 样品 1 的表征

（a）低倍率 SEM 图和骨架截面图（插图）；（b）单个微米球的 SEM 图；（c）XRD 图谱；（d）EDX 图谱；（e）HRTEM 图；（f）SAED 图

样品 1 的组成和物相通过 EDX、XRD 和 HRTEM 进行表征。图 4-2（c）为样品 1 的 XRD 图谱。图谱上所有衍射峰都与 CuS 标准卡片 JCPDS No. 06-0464 吻合，说明此种方法制备的 CuS 晶体是一个纯相，非常尖锐的衍射峰说明产品的结晶度很高，2θ 位于 27.68°、29.28°、31.79°、32.82°、47.95°、52.71°和 59.34°的衍射峰分别对应了 CuS 晶体的（101）、（102）、（103）、（006）、（110）、（108）和（116）晶面。最强的衍射峰对应的晶面为（101）面，说明此为产物优先生长方向。图 4-2（d）是样品 1 的 EDX 图谱，从图谱上可以看出样品 1 仅仅包含两种元素，即 Cu 和 S、Cu 和 S 的原子比为 51：48，非常接近于 1：1，进一步证明了产物为 CuS 相。图 4-2（e）为样品 1 的 HRTEM 照片，图片中清晰有序的明暗晶格条纹说明了产物具有高的结晶度，明暗晶格条纹距离大约为 3.05Å，与 CuS 的（102）晶面相对应。此外，选区电子衍射（SAED）照片［图 4-2（f）］中衍射斑点清晰有序，进一步说明了样品 CuS 具有高的结晶度，并且为单晶。晶格间距大约为 0.304nm 和 0.188nm，其分别与 CuS 的（102）和（110）晶面相对应。因此，样品 1 应该是一个纯相，泡沫铜完全转化成 CuS 单晶。

4.1.3.2 溶剂体系对产物形貌和组成的影响

虽然笔者曾经合成出了具有三维分等级结构的 CuS 晶体，但是反应温度却相当高。为了降低反应温度，在本研究中，选用了具有较强极性的 DMF 作溶剂。在反应温度为 60℃时，制备出具有三维结构的样品 2，样品 2 却不具备分等级结构，比表面积非常低。由图 4-3（a）可以看到，样品 2 仅有一层微米片在骨架的表面覆盖着。为了获得具有三维分等级结构的产品，我们试着往溶剂体系里加入 $C_2H_8N_2$ 或者浓 HCl 来调节溶剂体系的酸碱性。在这个过程中发现，溶剂体系的酸碱性不仅影响着产物的形貌，而且还可以调节产物的组成。在碱性环境下获得的样品 3 为 Cu_2S，此产品非常容易从泡沫铜骨架上脱落［图 4-3（b）］。在酸性环境下比较适合制备三维分等级 CuS 微米球。为了进一步探索酸性环境对产物的影响，我们考察了体系中盐酸的用量。在制备样品 4、5、6 和 7 过程中，加入盐酸的量依次为 0.05mL、0.15mL、0.25mL 和 0.35mL。图 4-3（c）~（e）分别为样品 4、5、6 的 SEM 图。不难发现产物的形貌随着盐酸量的增加有很大的改变。当没有盐酸时，样品 2 仅被一层微米片所覆盖；随着盐酸量的增加，产物的表面先形成了一些小突起；盐酸量增加到一定程度时，产物表面被许多微米球所覆盖。盐酸过量时，产物将不再完整，而变成了许多碎片。这可能是因为过量盐酸严重地破坏了产物的三维骨架。因此，盐酸的量对三维分等级结构的形成具有决定性的作用。盐酸中的氢离子可能加速了 Cu 向 Cu^{2+} 的转化，进而加速了 Cu 和 S 之间的反应，同时盐酸也刻蚀了泡沫铜骨架。图 4-3（f）为样品 4~6 的 XRD 图谱，证明了衍射峰随着盐酸量的增加而增强。这个现象进一步验证了上面的结论。综上所述，15mL DMF 和 0.25mL 浓盐酸是制备具有三维分等级结构产物的合适反应溶剂体系。

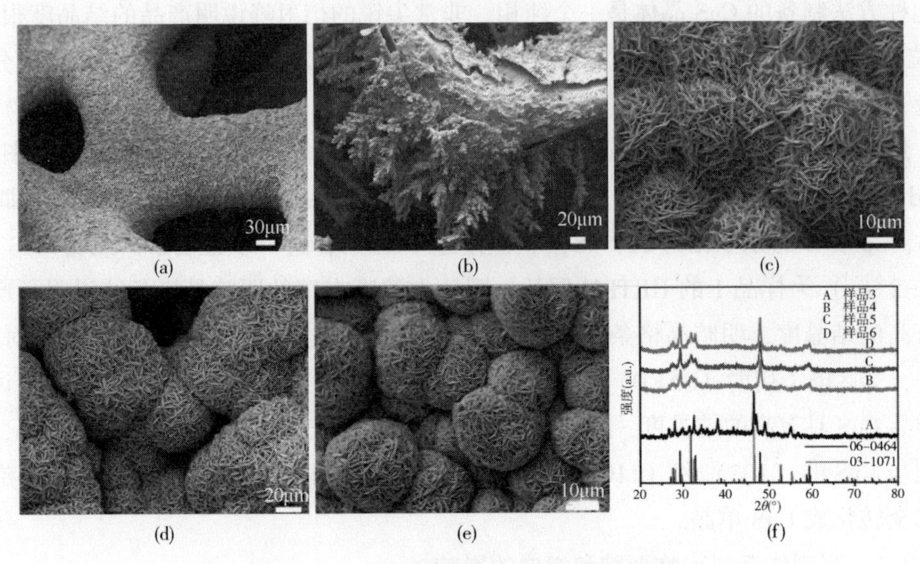

图 4-3 不同溶剂体系下合成 CuS 的表征

(a) ~ (e) 样品 2、3、4、5、6 的 SEM 图；(f) 样品 3、4、5、6 的 XRD 图

4.1.3.3 反应时间和反应温度对产物形貌和组成的影响

为了研究三维分等级 CuS 微米球的生长机理，我们考察了反应时间对产物形貌和组成的影响。图 4-4 为样品 8 ~ 14 的 SEM 图，从图（a）中可以看出，在反应初级阶段，泡沫铜的表面被盐酸刻蚀成许多块。随着反应的进行，越来越多的 Cu 转化成 Cu^{2+}。当反应时间达到 2h 的时候，如图（b）、（c）骨架表面被许多实心球覆盖。再反应 2h，如图（d）三维骨架的表面生成一层 CuS 晶体种子层。随后，如图（e）一层细小的 CuS 纳米片原位生长在三维骨架的表面，同时实心球变成三维分等级的 CuS 微米球。当反应时间为 16h 时，如图（f）细小的纳米片逐渐自组装成大的微米片，这些微米片是由厚度大概为 50nm 的纳米片组成的，如图 4-6（b）所示。从图 4-4（f）不难发现，毛线团状 CuS 微米球不仅具有大量的微米孔，同时还有许多纳米孔。因此同时具备了微米孔和纳米孔的特性。随着反应的继续，新生成的 CuS 纳米片逐渐填充微米孔如图 4-4（g）、（h）所示。同时微米孔和纳米孔的优势互补作用消失了。图 4-5 为样品 8、10、12、14 的 XRD 图谱和样品 8 的 EDX 图谱，由图说明反应初级阶段生成 Cu_2S 晶体，当反应时间达到 4h 时产物才转变为 CuS 晶体。为了更形象地说明三维分等级 CuS 微米球的生长过程，我们画出了形貌演化示意图（图 4-6）。

综上所述，在碱性环境下或者酸性条件短时间内获得的产品均为 Cu_2S。Cu 和 S 原子先反应生成 Cu_2S，即在反应初期 Cu 先转化成 Cu^+。因为 Cu^+不稳定，其进一步被氧化转化成 Cu^{2+}。$C_2H_8N_2$中的 N 原子含有孤对电子，抑制 Cu^+的进一步氧化，相

图 4-4　不同反应时间产物形貌表征

（a）样品 8 的 SEM 图；（b）、（c）样品 9 的 SEM 图；（d）～（h）样品 10~14 的 SEM 图

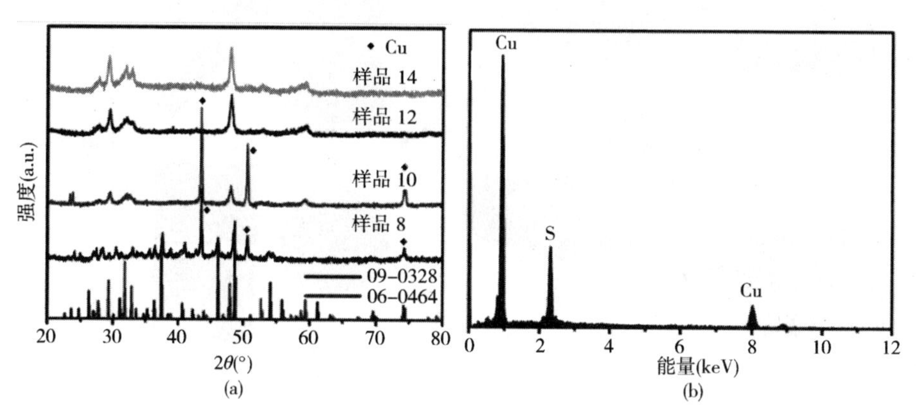

图 4-5　样品物相和元素图谱

（a）样品 8、10、12 和 14 的 XRD 图；（b）样品 8 的 EDX 图

反，HCl 中的 H^+离子促进 Cu 转化成 Cu^{2+}。当 H^+存在时，单质铜的活化速率大于 S 原子的活化速率，因此得到了 Cu_2S 微米球。随着反应的继续，H^+被消耗，单质铜的活化速率慢慢下降然后接近于 S 原子的活化速率，因此得到了 CuS 产物。随着反应时间的增加，产物的生长步骤和样品 2 类似，在现存的骨架表面原位生长一层 CuS 纳米片。因此，溶液的酸碱性和反应时间共同影响着产物的组成和形貌，随着反应的进行，Cu 先转化成 Cu_2S 然后再变成 CuS，产物的形貌也由纳米片变成了微米球。

反应温度也可能影响产物的组成和形貌，因为反应温度决定了 Cu 与 S 的反应速率。当反应温度低于 60℃时，所获得 CuS 微米球的直径大概是 10μm，比样品 1 的微米球直径小，并且微米球的表面仅仅覆盖了一层细小的纳米片［图 4-7（a）］。这可

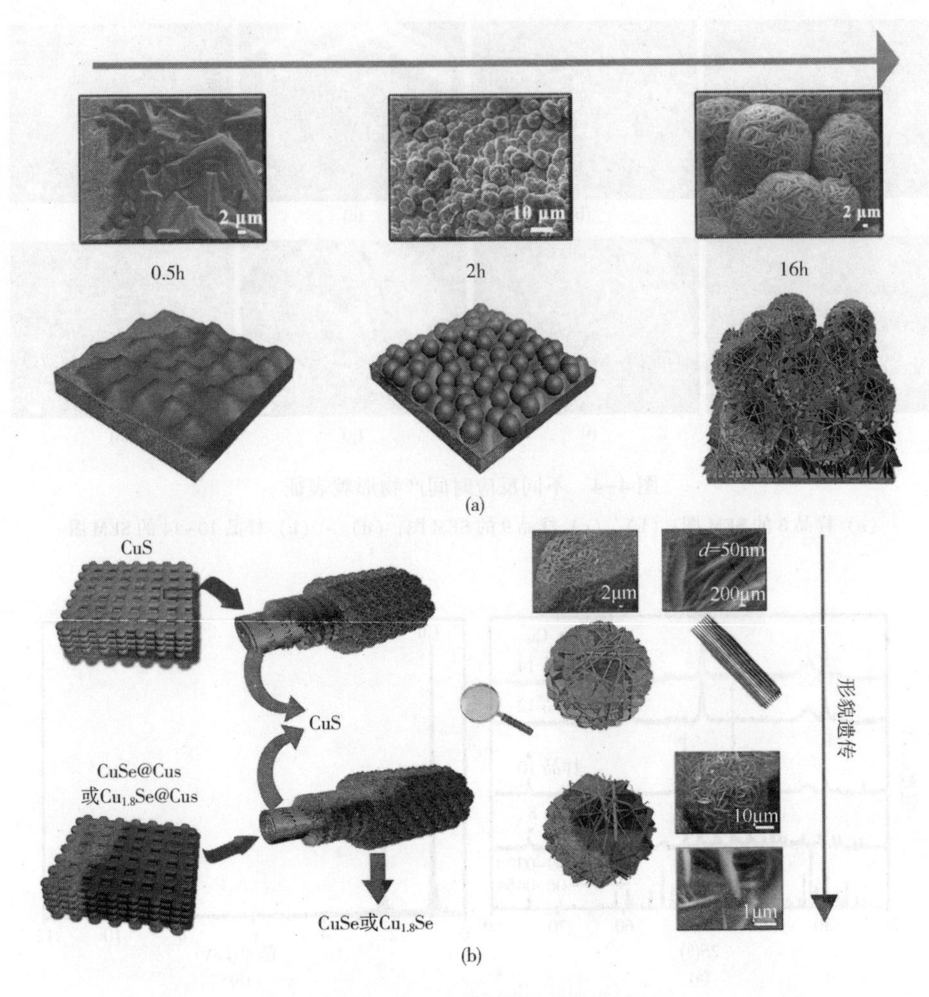

图 4-6 形貌衍化示意图

（a）样品 1 的生长机理示意图；（b）样品 1 与 Se 置换前后的骨架解剖图

能是由于在 40℃时，抑制了反应速率。当反应温度高于 60℃时，组成微米球的微纳米片的厚度明显加厚，进而导致产物比表面积下降［图 4-7（b）~（d）］。因此反应温度定在 60℃比较合适。

4.1.3.4 阴离子交换法实现 CuS 向 CuSe@CuS（或 $Cu_{1.8}Se$@CuS）的转变

（1）置换时间对样品组成和形貌的影响

在低温 60℃下，通过原位生长的方法制得了三维多孔分等级毛线团状 CuS 微米球材料。为了进一步改进材料的性能，同时使这种卓越的形貌遗传给其他材料，考虑到了阴离子交换的方法。选择样品 1 作为模板，通过 Se 原子的引入制备三元铜基硫族化合物材料，同时尽量实现形貌遗传。随着形貌的继承，新的材料也将具有母

图 4-7　(a) ~ (d) 分别在 40、80、100 和 120℃下获得的 CuS 微米球 SEM 图

体材料的基本性能。并且值得注意的是，新组分的引入可能会调优材料原来的性能，或者带来其他意想不到的性能。根据这种指导思想，在温和条件下合成了CuSe@ CuS 和 $Cu_{1.8}Se$@ CuS 微米球。同时为研究置换的过程，改变置换时间得到了一系列样品。样品 15、16、17、18、19、20、21、22、23、24、25 和 26 的置换时间依次为 1h、2h、4h、6h、8h、9h、10h、12h、14h、16h、18h 和 30h。因为样品 16 到 19 具有相似的形貌，样品 21 到 25 也具有相似的形貌。反应时间处于中间位置的样品 18 和 24 [图 4-8 (a) 和 (e)] 被选为 CuSe@ CuS 和 $Cu_{1.8}Se$@ CuS 材料的代表。图 4-8 (c)为样品 20 的 SEM 图，图4-9 (a)、(b) 为样品 15 和 26 的 SEM 图。正如笔者所期盼的一样，CuSe@ CuS 和$Cu_{1.8}Se$@ CuS材料最大限度地继承了样品 1 的形貌。当置换时间较短时，产物的形貌仅有一点点的变化。随着置换时间的延长，作为微米球基元组成的纳米片数目慢慢增加，随后纳米片逐渐变厚，变成了微米片。当置换时间增加到 30h 时，组成微米球的微米片密集地堆积在一起，不再具有大的比表面积。因此置换时间对置换产物的形貌起着决定性的作用。

样品 15~26 的物相和组成通过 XRD 和 EDX 进行了表征。图 4-8 (b) 为样品 15~19 的 XRD 图谱。样品 15 由两种物质组成，即 CuS (JCPDS No. 06-0464) 和 CuSe (JCPDS No. 34-0171)。随着置换时间的增加，CuS 的峰逐渐被削弱，相反 CuSe 的峰逐渐增强。当置换时间为 8h，图谱中所有主要的衍射峰均为 CuSe。图 4-8 (g)

为样品 18 的 EDX 图谱，其表明样品 18 仅仅包含 Cu 和 Se 两种元素，并且 Cu 和 Se 的原子比为 53∶47，接近于 1∶1。此外，EDX 面扫描也检测了样品 18 骨架内元素的分布情况。图 4-8（g）的插图从左至右展示了 Se、S、Cu 在骨架内部的分布。不难看出 Se 元素主要分布在骨架的表面层，S 元素存在于骨架的内部，Cu 均匀地分布于整个骨架内。Se 元素置换了样品 1 表层的 S 原子。也就是说，样品 18 表面覆盖了一层 CuSe 微米球，内部结构和组成都保持不变，和样品 1 一样。

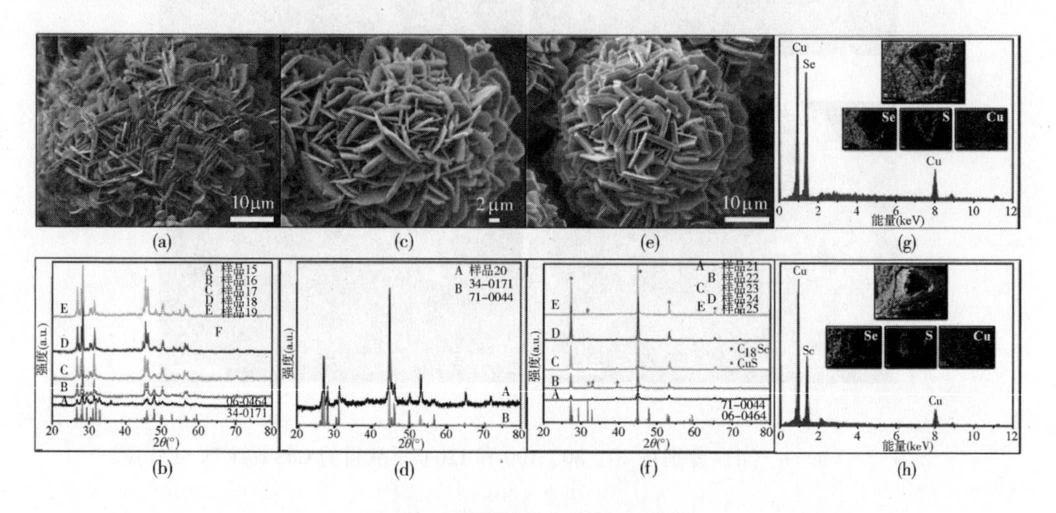

图 4-8　样品的物相和组成分析

（a）样品 18 的 SEM 图；（b）样品 15、16、17、18 和 19 的 XRD 图谱；（c）样品 20 的 SEM 图；（d）样品 20 的 XRD 图；（e）样品 24 的 SEM 图；（f）样品 21、22、23、24、和 25 的 XRD 图谱；（g）样品 18 的 EDX 图谱和样品 18 骨架截面的 EDX 面扫描图；（h）样品 24 的 EDX 图谱和样品 24 骨架的 EDX 面扫描图

综上所述，离子交换仅发生在 CuS 的表面层，在置换过程中内部结构和组成均没有发生改变。这可能有以下两个原因：（a）表面层的比表面积远远大于内部结构的比表面积；（b）Se 粉的量是有限的，只够置换表层的 S 元素。随着反应进行，CuSe 微米球慢慢地转换成 $Cu_{1.8}Se$ 微米球。如图 4-8（d）所示，当置换时间达到 9h 时，XRD 图谱的衍射峰主要是 CuSe 和 $Cu_{1.8}Se$ 的衍射峰。随着反应进一步进行，CuSe 的峰完全消失，$Cu_{1.8}Se$ 的峰逐渐变强。图 4-8（f）为样品 21～25 的 XRD 图谱，不难看出样品 21 物相为 $Cu_{1.8}Se$ 和 CuS。但是 CuS 的峰非常弱，并且随着置换时间延长而变弱。当置换时间达到 14h 时，CuS 的峰基本上消失。图 4-8（h）表明 Cu 和 Se 的原子比为 64∶35，接近于 1.8∶1。EDX 表征说明样品内部骨架的组成和结构也保持不变，仅表面层的组成变成的 $Cu_{1.8}Se$。因此，通过形貌遗传的方法成功地制备了多孔分等级 CuSe@CuS 和 $Cu_{1.8}Se$ 微米球。

对比以往的研究结果，这个工作的成功之处在于利用前驱体独特的结构特性来控制置换现象仅发生在产物的表面，同时骨架内部的结构和组成都保持不变。并且当前驱体的内部和外部具有相同的组成时，通过离子交换制备的复合材料可最大限度地改变产物的物理化学性质。

（2）不同含量Se粉对样品形貌的影响

样品27和28是分别用0.0092g和0.0875g的Se粉制备的。其SEM表征见图4-9（c）、（d），由图可知，样品15和27具有相似的形貌，与样品1相比，纳米片在微米球上的分布变得更加密，但是纳米片的厚度基本没有改变。然而，样品28的表面却被一层密实的硒粉所覆盖。图4-9（e）和（f）为样品27的XRD图谱和样品28的EDX图谱，表明了样品15和样品27有相似的组成，即CuS和CuSe。EDX图谱表明样品28由三种元素组成，即Cu、Se、S，其原子比为38∶53∶9。因此，Se粉的量对置换产物的组成和形貌上也起着重要作用。Se粉的量过少时，Se置换的现象就不会太明显，并且所制得的产品中就只含有少量的CuSe。相反，将会得到富硒化合物。

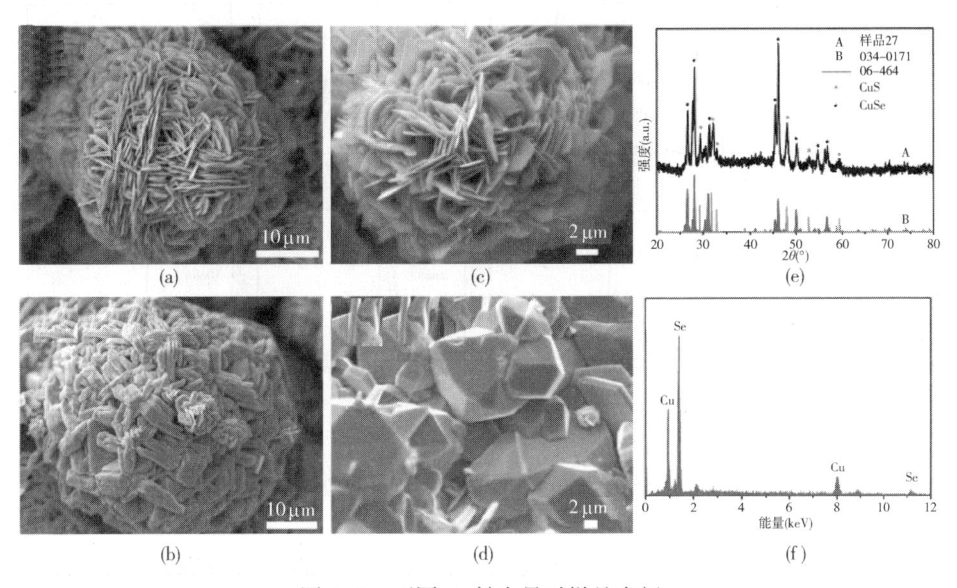

图4-9　不同Se粉含量时样品表征

（a）样品15的SEM图；（b）样品26的SEM图；（c）样品27的SEM图；
（d）样品28的SEM图；（e）样品27的XRD图谱；（f）样品28的EDX图谱

因此，在形貌遗传的过程中，置换时间和硒粉的量对产物的形貌都有决定性的影响。

4.1.3.5 置换前后样品的催化活性

制备的毛线球状 CuS 微米球和通过阴离子置换获得的 CuSe@ CuS、$Cu_{1.8}Se$@ CuS 具有特殊的多孔和分等级结构，可以被用做类 Fenton 催化剂，吸附并降解罗丹明 B（RB）和亚甲基蓝（MB）水溶液，实验中要加入过氧化氢。在催化实验中，H_2O_2 释放出大量的羟基自由基（·OH），将 RB 和 MB 分子氧化分解为小分子产物，如 CO_2、H_2O 等。样品的催化性能与·OH 生成速率密切相关。相关文献报道，单独的 H_2O_2 作为催化剂降解染料溶液时降解效率非常低，单独使用本工作中制备的样品降解染料溶液几乎没有效率。但是，将本工作制备的样品与 H_2O_2 协同催化降解 RB 和 MB 水溶液，降解效率明显提高，结果见图 4-10。催化反应机理如下：

$$Cu^{2+}+H_2O_2 \longrightarrow H^{+}+CuOOH^{+} \tag{4-1}$$

$$CuOOH^{+} \longrightarrow HOO\cdot +Cu^{+} \tag{4-2}$$

$$Cu^{+}+H_2O_2 \longrightarrow Cu^{2+}+\cdot OH +OH^{-} \tag{4-3}$$

·OH 可以进一步氧化有机化合物，RH，如 MB 和 RB，如下所示：

$$RH+\cdot OH \longrightarrow R\cdot +H_2O \tag{4-4}$$

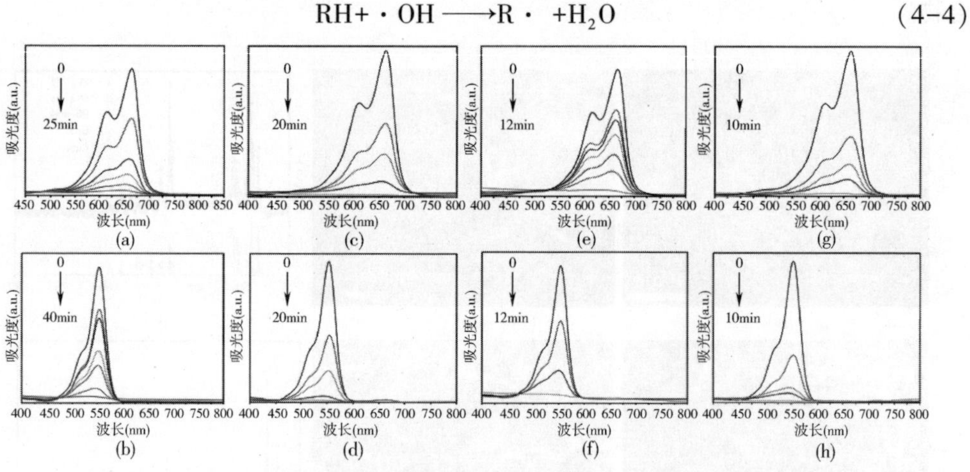

图 4-10 样品 1（a）、（b）、18（c）、（d）、20（e）、（f）和 24（g）、（h）分别降解 MB 和 RB 的紫外—可见吸收光谱图

这部分工作与之前工作的不同之处在于，利用制备的具有特殊结构的 CuS 晶体作为三维模板来制备分等级的 CuSe 和 $Cu_{1.8}Se$ 微米球，其覆盖在多孔 CuS 微米管表面。因此两种化合物的优势能够结合在一起，从而最大化的提高材料的催化性能。图 4-10 为毛线团状 CuS 微米球、CuSe@ CuS 微米球和 $Cu_{1.8}Se$@ CuS 微米球降解 RB 和 MB 水溶液的活性对比。有趣的是，样品 16~19 具有相似的组成、结构和形貌，也具有相似的降解效率。同样，样品 21~25 也具有相似的催化效率。我们选用样品 18 和 24 作为 CuSe@ CuS 微米球和 $Cu_{1.8}Se$@ CuS 微米球的代表考察其催化效率。它们催化降解 MB 和 RB 的紫外—可见吸收曲线见图 4-10（c）和（d）和（g）

和（h）。图 4-10（a）和（b）为样品 1 降解 MB 和 RB 的紫外—可见吸收曲线，图 4-10（e）和（f）为样品 20 降解 MB 和 RB 的紫外—可见吸收曲线。

由图 4-10（a）可以发现，5min 时，MB 降解率为 39%；10min 时，降解率达到 71%；25min 时，降解率达到 96%，然后基本上保持不变。在我们之前的研究中，在相同条件下，用 CuS 作为类 Fenton 催化剂，相同的时间仅仅能将 5mg/L 的 MB 水溶液降解 95%。因此，这种多孔的分等级结构将 CuS 的催化性能显著地提高了。由图 4-10（c）、（d）可见，制备的 CuSe@ CuS 材料，仅需要 20min 就能将 10mg/L 的 MB 和 RB 水溶液降解 96%，相对于样品 1 分别缩短了 5min 和 20min。当置换时间超过 10h 制得的 $Cu_{1.8}Se$@ CuS 复合材料具有更高的催化降解效率，如图 4-10（g）、（h）所示，在降解率相同的情况下，其催化降解 MB 和 RB 的降解时间都缩短到 10min 左右。

此外，根据催化反应结果（图 4-11），笔者估算样品 1、18、20 和 24 降解 MB 水溶液的假一级降解速率常数，依次为 0.128min^{-1}、0.210min^{-1}、0.232min^{-1} 和 0.290min^{-1}；降解 RB 水溶液的假一级降解常数依次为 0.0667min^{-1}、0.226min^{-1}、0.284min^{-1}和 0.314min^{-1}。经过阴离子置换，样品的降解速率常数得到了较大程度的提高。对于 CuSe@ CuS 材料，其催化性能的提高可能在于形貌的遗传使得置换后产物也具有大的比表面积，更重要的是 CuSe 组分的引入可能形成一些缺陷，并且这个特殊的核壳结构实现 CuSe 和 CuS 两种材料的优势互补。随着置换反应的继续，内部骨架中的铜离子向外溢出，进入骨架的表面形成 $Cu_{1.8}Se$，三维骨架表面铜离子数量大大增加，活性位点也随之增加，因此 $Cu_{1.8}Se$@ CuS 复合材料具有更高的催化性能。所有制备的样品都进行了降解 MB 和 RB 水溶液的重复实验。重复三次以后，在相同时间内降解率均还能达到 90%以上。样品依然保持原来的形貌，稳定的三维骨架使催化剂更加容易循环使用，这是一般微纳米颗粒材料如 ZnS、TiO_2、Pt/WO_3等所不能及的。本工作所制得的样品有望成为卓越的可再生催化剂。

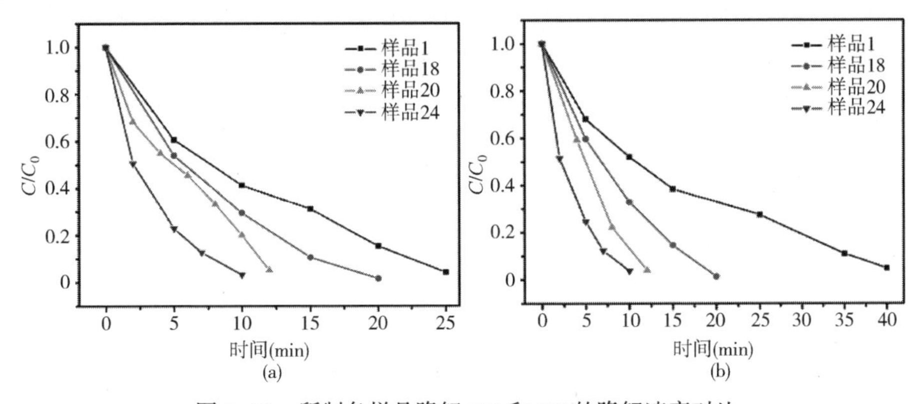

图 4-11　所制备样品降解 MB 和 RB 的降解速率对比

（a）MB；（b）RB

4.1.4 结论

通过一步原位生长的方法成功的制备了三维分等级毛线团状 CuS 微米球。材料的骨架是由几个具有不同直径的多孔空心微米管组合而成的。微米管的表面被许多由许多微米片组成的毛线团状微米球牢牢覆盖，这些微米片是由厚度大约为 50nm 的纳米片堆叠成的。研究发现盐酸不仅能够促进铜单质的活化，同时对泡沫铜骨架的表面进行刻蚀，形成许多单质铜的微米球。这种多孔的材料将提供大的比表面积和丰富的活性位点，从而提高材料的催化性能。此外，通过阴离子交换的方法，首次成功地制备具有相似三维分等级结构的多孔 CuSe@ CuS 和 $Cu_{1.8}Se$@ CuS 微米球，在这个过程中还实现形貌遗传。合成的复合材料也具有特殊的核壳结构，外部的硒化铜和内部的硫化铜都具有独立的三维网状结构。此外，Se 在产物表面的含量可以通过控制置换时间来调控。通过控制置换时间，样品表面的组成依次由 CuS 微米球变为 CuSe 微米球，最后变为 $Cu_{1.8}Se$ 微米球。Se 粉的量对产物的组成和形貌也有重要的作用。所制备的产物均具有高效催化降解有机染料溶液的能力，如对 MB 和 RB 水溶液可快速降解。三维 CuSe@ CuS 和 $Cu_{1.8}Se$@ CuS 复合材料能够大大地缩短降解时间，说明通过形貌遗传制得样品的催化性能得到显著的提高。与其他 Fenton 催化剂相比，本章所制得的样品具有块状结构，更容易被回收并重复使用，并且在整个催化降解过程中也不会引进其他有色金属离子。这种产品比较低廉、制备简单并且具有卓越的催化效率，因此是一种很有前途的降解催化剂。

4.2 阳离子交换调节 $Cu_{1.8}Se$ 带隙

4.2.1 引言

半导体材料广泛用于应对能源危机和环境恶化，设计和调控半导体的带隙已经引起了国内外科学家的关注。目前，常用的调控带隙的方法有：尺寸和形貌调整、掺杂/共掺杂法、与聚合物或无机半导体结合法、热注入法、蒸镀法、凝胶法等。以上各种方法在一定程度上已经实现材料带隙的调控。然而，设计一种简单、低温的方法连续地对材料的带隙进行调控仍然是一个巨大的挑战。

离子交换法非常适合应用于材料带隙的连续调控，许多报道已经证明其可以保证连续调整材料的组成，如在有机—无机骨架材料的合成上。近几年中，Alivisatos 和他的同事们已经通过完全离子置换方法实现了 CdSe 和 Ag_2Se 之间的可逆转化；通过部分离子交换的方法将纳米棒超晶 Ag_2S 量子点引入 CdS 纳米棒中；通过阳离子交换的方法实现了 CdS 向 Cu_2S，再到 PbS 的连续转变。Komaba 等通过离子交换的方法以 P2-型 $Na_{2/3}Co_{2/3}Mn_{1/3}O_2$ 为前驱体制备了分层氧化物 $Li_{2/3}Co_{2/3}Mn_{1/3}O_2$ 材料。新组分的形成能够对母体材料的性能进行改善，如电化学性能、光电性能、催化性能、对

H_2O_2 的敏感性等。因此离子交换方法具有实际的应用前景。

笔者之前也通过离子交换的方法实现对材料的催化性能、电化学性能以及生物活性的调控。在第3章中，利用离子交换法以现存的晶格作为模板实现了形貌遗传，为制备具有卓越形貌的新材料提供了一种行之有效的思路。因此，具有卓越形貌的材料可以被用作模板来制备具有相似形貌的新材料。据文献调研，通过离子交换同时实现形貌遗传和带隙调优还未曾报道。

与传统的二元硫族化合物相比，三元或者多元金属硫族化合物合金可能会展示出新颖的性能。例如，Kanatzidis 和他的工作者们证明了新型的四元化合物半导体 $CsHgInS_3$ 可以应用于 γ 射线的探测。他们还将光导材料 $CsCdInQ_3$（Q=Se、Te）应用于高辐射探测，并且发现 $K_{2x}Mg_xSn_{3-x}S_6$（x=0.5~1）可以选择性移除 Cs^+、Sr^{2+}、和 Ni^{2+}，可以有效地清洁核废料。此外，Cai 等制备了 CISSe 材料，其太阳能转换效率达到6.2%。近年来，多元硫族化合物已经引起了越来越多的关注，并广泛应用于半导体领域和催化领域。通过离子交换的方法不仅可以连续的改变材料组成从而实现材料性能的连续调控，而且可以实现形貌遗传和二元硫族化合物向三元或者多元硫族化合物的转变。在材料合成领域中，利用离子交换实现二元硫族化合物向三元硫族化合物的转变，同时伴随着带隙的调优和形貌遗传还没有报道过。

这部分工作旨在利用阳离子交换法同时实现带隙调优、形貌遗传和 $Cu_{1.8}Se$ 微纳米球向 CuAgSe 微米球的转变。首先，在低温（60℃）下通过溶剂热法制备了三维分等级结构牡丹花状 $Cu_{1.8}Se$ 微米球。然后，通过 Ag^+ 交换的方法，制备三元硫族化合物 CuAgSe 微米球。$Cu_{1.8}Se$ 和 CuAgSe 在置换产物中的比例可以通过控制置换时间而连续调控。材料的带隙从3.83eV 连续改变到3.03eV，并且实现了形貌遗传。本部分工作都是在低温（60℃或者室温）下完成的，所有的样品都是具有三维分等级结构的块状产物，有利于使用及回收。

4.2.2　实验部分

4.2.2.1　硒代硫酸钠溶液的制备

硒粉常见的活化方式是制备硒代硫酸钠溶液。先将30mol 的 $NaSO_3$ 溶解于50mL 去离子水中，加热到90 ℃；再加入10mol Se 粉，保持温度不变的情况下搅拌5min；然后迅速加入10mol NaOH，继续在该温度下搅拌直至溶液澄清为止，标记为A 溶液备用。

4.2.2.2　原位制备三维分等级牡丹花状 $Cu_{1.8}Se$ 微米球

依次将4mL N，N-二甲基甲酰胺（DMF）、8mL 无水乙二胺（EDA）、3mL A 溶液和0.3813g 泡沫铜（0.5cm × 0.5cm；厚度：2mm）加入到一个20mL 聚四氟乙烯反应釜中，在60℃下保持10h，自然冷却至室温。然后将产物从反应釜中取出，依次用去离子水和95%乙醇洗涤几次。最后将制备好的产物在60℃下真空干燥8h，记为样品1。

溶剂体系、反应时间和反应温度对产物的组成和形貌都起着决定性作用。因此对这三个因素都进行了详细的研究。样品2~8是针对溶剂体系的考察，样品2溶剂为*N*，*N*-二甲基甲酰胺，样品8溶剂为无水乙二胺，样品3~7中*N*，*N*-二甲基甲酰胺和无水乙二胺的体积比依次为10：2、8：4、6：6、4：8、2：10。样品9~17所用的反应时间依次为10min、1h、2h、4h、6h、8h、10h、12h和20h。样品18~21的反应温度依次为40h、70h、80h和100℃。以上样品的其他合成条件都与样品1的合成条件相同。它们的后处理也与样品1一样。详细的制备条件见表4-3。

表4-3　样品1到样品21的制备条件

样品编号	反应时间（h）	反应温度（℃）	溶剂体系
样品1（6和15）	10	60	4mL DMF+8mL EDA
样品2	10	60	12mL DMF
样品3	10	60	10mL DMF+2mL EDA
样品4	10	60	8mL DMF+4mL EDA
样品5	10	60	6mL DMF+6mL EDA
样品7	10	60	2mL DMF+10mL EDA
样品8	10	60	12mL EDA
样品9	1/6	60	4mL DMF+8mL EDA
样品10	1	60	4mL DMF+8mL EDA
样品11	2	60	4mL DMF+8mL EDA
样品12	4	60	4mL DMF+8mL EDA
样品13	6	60	4mL DMF+8mL EDA
样品14	8	6	4mL DMF+8mL EDA
样品16	12	60	4mL DMF+8mL EDA
样品17	20	60	4mL DMF+8mL EDA
样品18	10	40	4mL DMF+8mL EDA
样品19	10	70	4mL DMF+8mL EDA
样品20	10	80	4mL DMF+8mL EDA
样品21	10	100	4mL DMF+8mL EDA

4.2.2.3　三维分等级牡丹花状 $CuAgSe/Cu_{1.8}Se$ 微米球的制备

在室温（大约25℃）下，以样品1作为模板，通过形貌遗传的方法成功的制备了三维分等级牡丹花状 $CuAgSe/Cu_{1.8}Se$ 微米球材料。具体合成步骤如下：先将10mL无水乙醇和0.1019g $AgNO_3$ 加入50mL的烧杯中，搅拌几分钟，再加入样品1（0.0410g），室温下保持40min。可以观察到无色透明的溶液慢慢地变蓝。将块状产物用塑料镊子从烧杯中取出，并用95%乙醇冲洗几次。在60℃下真空干燥8h，得样品22。为考察了置换时间对产物的影响，设置对照实验样品23~27的置换时间依次为1min、5min、10min、20min和1h。此外，在探索条件的过程中还制备了样品28和29，其制备过程和样品22的制备过程相似，不同的是样品28的制备使用硝酸银的水溶液（10mL、0.1mol/L）作为银源，置换时间仅仅几分钟，样品29的制备时用样品1表面的 $Cu_{1.8}Se$ 粉末（从样品1骨架上刮下来的）作为前驱体，而不是没有经过处理的样品1。详细的制备条件见表4-4。

表4-4　置换样品的制备条件

样品编号	置换时间（min）	银源	模板材料
样品22	40	硝酸银的乙醇溶液	未经处理的样品1
样品23	1	硝酸银的乙醇溶液	未经处理的样品1
样品24	5	硝酸银的乙醇溶液	未经处理的样品1
样品25	10	硝酸银的乙醇溶液	未经处理的样品1
样品26	20	硝酸银的乙醇溶液	未经处理的样品1
样品27	60	硝酸银的乙醇溶液	未经处理的样品1
样品28	2	硝酸银的水溶液	未经处理的样品1
样品29	2	硝酸银的水溶液	样品1表面的产物

4.2.3　结果讨论

4.2.3.1　牡丹花状 $Cu_{1.8}Se$ 微米球的物相表征

在低温（60℃）下反应10h，以具有三维网状结构的泡沫铜作为模板成功地制备了三维分等级结构的牡丹花状 $Cu_{1.8}Se$ 微米球。图4-12（b）为样品1的低倍率SEM图。三维骨架的表面覆盖了许多牡丹花状微米球，微米球的直径在20~30μm。图4-12（b）证明三维骨架是由多孔微米管组成的。与薄膜产品相比，用泡沫铜作为模板可以有效地克服产物生长的方向限制，从而有效地提高材料的比表面积。与粉末状产物相比，这一方法制备的产品是块状的，为样品的制备、使用及回收都带来了很大的便利。图4-12（c）是单个微米球的SEM图和SAED图，可以明显看出微米球是由许多纳米片组成的，纳米片的厚度大约为 80nm［图 4-13（b）］。

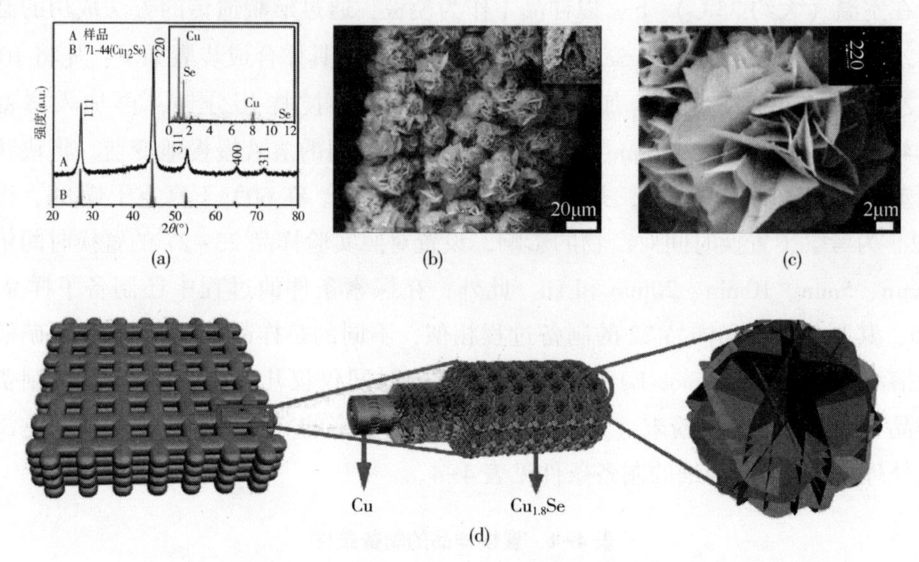

(a) (b) (c) (d)

图 4-12 样品 1 的骨架解剖示意图及表征图

（a）样品 1 表面 $Cu_{1.8}Se$ 粉末的 XRD 图谱和 EDX 图；（b）样品 1 低倍率的 SEM 图和骨架截面图；（c）单个微米球的 SEM 图和 SAED 图；（d）样品 1 形貌示意图

图 4-13（d）为未经处理的样品 1 的 XRD 图。图 4-12（a）是从样品 1 表面刮下来的粉末状产物的 XRD 图。由图 4-13（d）看到，除了产物 $Cu_{1.8}Se$ 的衍射峰之外，还有 Cu 的衍射峰，即泡沫铜没有完全转变成产物 $Cu_{1.8}Se$。将样品 1 剪断，发现样品 1 骨架内部还明显的有部分黄色铜单质存在。而图 4-12（a）中只有 $Cu_{1.8}Se$ 的衍射峰，并且没有其他峰存在，说明样品 1 表面覆盖一层纯 $Cu_{1.8}Se$，呈现出一种特殊的核壳结构，内部的铜单质和外部的 $Cu_{1.8}Se$ 微米球都是独立的，并且都具有三维网状结构。位于 27.1°、44.8°、53.1°、65.1°和 72.0°的衍射峰分别对应于 $Cu_{1.8}Se$ 的（111）、（220）、（311）、（400）和（331）晶面。图 4-12（a）为样品 1 的 EDX 图，由图可得样品 1 仅含有两种元素，即 Cu 和 Se。测试结果显示 Cu 和 Se 的原子比为 65∶35，接近于 1.8∶1。图 4-13（c）是样品 1 的 HRTEM 图，有序的明暗晶格条纹说明材料具有很高的结晶度，晶格条纹间距为 3.31Å 和 2.07Å，分别对应 $Cu_{1.8}Se$相的（111）和（220）晶面。图 4-12（c）插图为样品 1 的 SAED 图，0.205nm 的晶格间距对应 $Cu_{1.8}Se$ 的（220）晶面。因此，在低温（60℃）下成功的合成了具有特殊核壳结构的样品 1，一层由厚度大概为 80nm 的纳米片组成的 $Cu_{1.8}Se$ 微米球原位生长在由多孔微米管组成的泡沫铜骨架的表面。

4.2.3.2 溶剂体系对产物形貌和组成的影响

根据前面的工作结果，为在低温下制备 $Cu_{1.8}Se$ 晶体，选用 DMF 为反应溶剂。

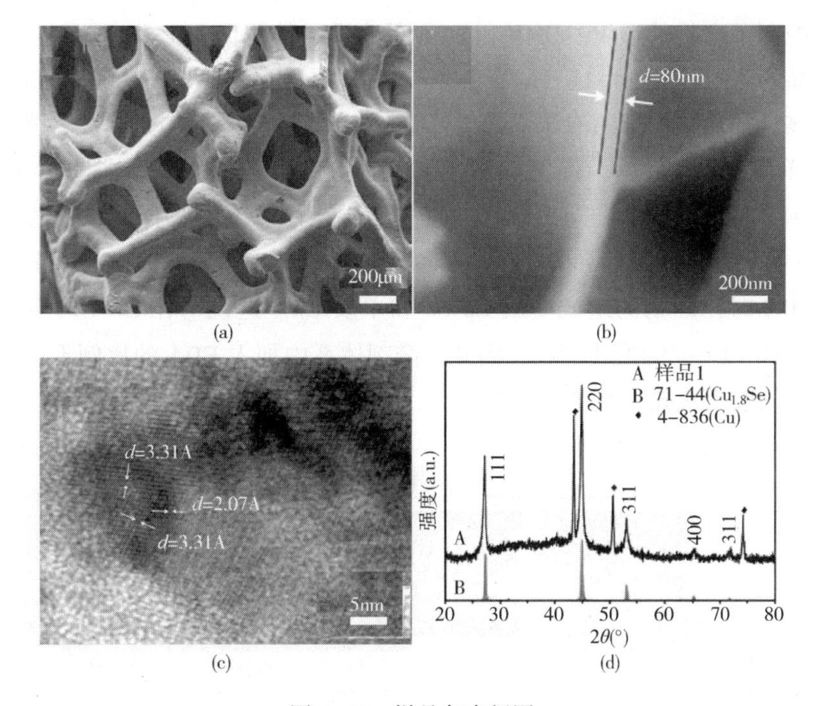

图 4-13 样品各表征图

（a）泡沫铜的 SEM 图；（b）组成 $Cu_{1.8}Se$ 的单个纳米片的 SEM 图；
（c）样品 1 的 HRTEM 图；（d）没有经过任何处理的样品 1 的 XRD 图

如图 4-14（b）所示，在 60℃ 下成功的合成具有三维骨架的样品 2，但是没有所谓的分等级结构，三维骨架的表面仅生成一层纳米片。由于 Se 粉在碱性环境下更容易活化，从而提高反应速率，为使产物具有三维分等级结构，就尝试选择 DMF 和 EDA 的混合溶剂体系。从样品 3~5，随着体系中 EDA 比例的提高，产物表面的纳米片缓慢长大［图 4-14（c）、图 4-15（a）、（b）］。这可能是由于 EDA 的加入提高 Se 粉的活化度，从而加快了 Se 和 Cu 的反应速率。当加入 EDA 的体积提高到 8mL 时，产物表面覆盖许多牡丹花状的微米球［图 4-14（d）］。可能是 Cu 和 Se 反应速率获得极大的提高，在 10h 内生成更多的产物。然而泡沫铜表面积是有限的，不能容纳所有产物，因此过多的产物就沿着骨架的表面向外交叉生长，便形成牡丹花状的微米球晶体。当 EDA 的量达到 10mL 时，产物的生长不再牢固，洗涤过程中从骨架上脱落。由图 4-14（e）可见，材料的表面被实心的微米球所覆盖。这可能是由于体系中 EDA 量过多导致在 10h 内生成大量产物，从而占据纳米片之间的空隙，大大降低材料的比表面积。当溶剂为 12mL 的 EDA 时，大部分的产物从骨架上脱落。从图 4-15（c）中可以看出泡沫铜的骨架已经被破坏，这可能是由于 EDA 的量过多导致 Cu 和 Se 之间的反应太过剧烈。因此溶剂体系中加入 EDA 的量决定了 Cu 和 Se 的反应速率，从而控制了产物的形貌。DMF 和 EDA 的合适的体积比为 4∶8。

由样品的 XRD 图图 4-14（a）可知，样品 2 是由 $Cu_{1.8}Se$、CuSe 和 Cu 组成的。单质铜应该是样品 2 内部的泡沫铜骨架；$Cu_{1.8}Se$ 和 CuSe 是反应的产物。样品 4 是由 $Cu_{1.8}Se$ 和单质 Cu 组成的，说明随着 EDA 的加入 CuSe 的峰完全消失，获得纯的 $Cu_{1.8}Se$ 材料。这可能是由于 EDA 中氮原子具有孤电子对，抑制了 Cu^+ 的进一步氧化。当 EDA 的量增加到 8mL 时，$Cu_{1.8}Se$ 的峰急剧增强，同时 Cu 的峰变弱。当体系为 12mL EDA 时，产物的组成变成 Cu_2Se 和单质 Cu。这说明在 EDA 的溶剂体系里 Cu 在产物中只以 Cu^+ 的形式存在。因此，溶剂体系中加入 EDA 的比例不仅影响着产物的形貌，同时也决定产物的组成。

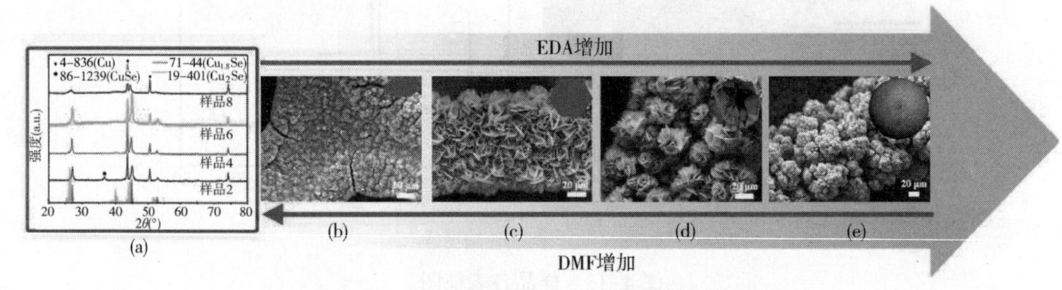

图 4-14　不同溶剂体系下样品的物相与形貌图

（a）样品 2、4、6、8 的 XRD 图；（b）～（e）样品 2、3、6 和 7 的 SEM 图

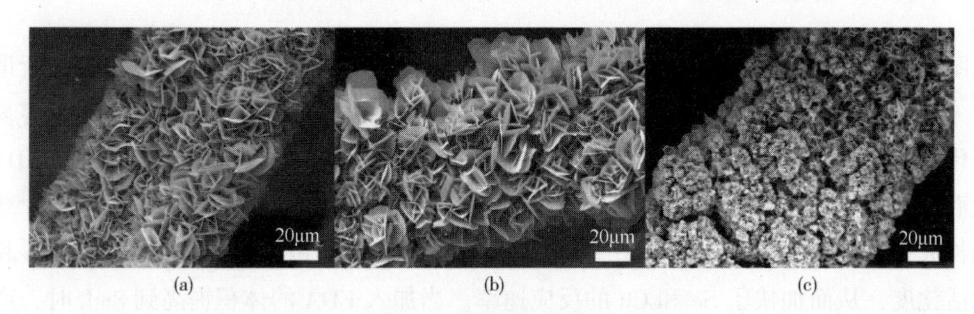

图 4-15　样品的 SEM 图

（a）样品 4；（b）样品 5；（c）样品 8

4.2.3.3　反应时间和温度对产物形貌和组成的影响

为了实现产品的形貌可控，笔者考察了反应时间对产物的影响。图 4-16 为样品 9、12、14 和 15 的 SEM 图。在反应开始时，泡沫铜的表面仅仅生长了一薄层非常细小的纳米片。这时 Cu 和 Se 的反应才刚刚开始，一层 $Cu_{1.8}Se$ 的“种子层”生长在基底的表面。当反应时间为 4h 时，纳米片逐渐长大将基底的表面完全覆盖。继续反应 4h，骨架的表面形成一些微米球。当反应达到 10h 时，样品的表面就完全被 $Cu_{1.8}Se$ 微米球所覆盖。随着反应的继续，样品的形貌基本上不再发生改变，与样品 15 的形

貌保持一致。为了形象地表达三维分等级牡丹花状 $Cu_{1.8}Se$ 微米球的生长过程，画出其形貌演变示意图（图 4-16）。

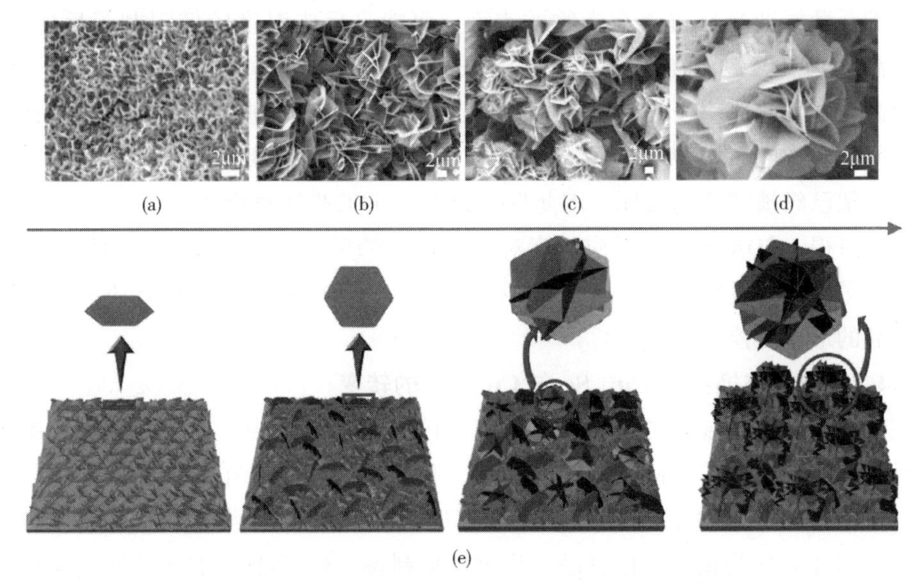

图 4-16　不同反应时间下样品 SEM 图和生长示意图

（a）10min；（b）4h；（c）8h；（d）10h；（e）生长示意图

图 4-17 说明不同反应时间下得到的产物具有相似的物相组成，即 Cu 和 $Cu_{1.8}Se$。不同的是产物 $Cu_{1.8}Se$ 峰强度随反应时间的不同而不同，反应时间较短时，$Cu_{1.8}Se$ 的峰强度比较弱，随着反应时间增加，$Cu_{1.8}Se$ 的峰逐渐增强，反应达到 10h 时峰强度保持不变。XRD 图随时间的变化规律与样品形貌的变化相吻合，说明当反应持续到 10h 时，Cu 和 Se 基本上已经停止反应。表明反应时间决定了反应的进度，也影响了样品的形貌。

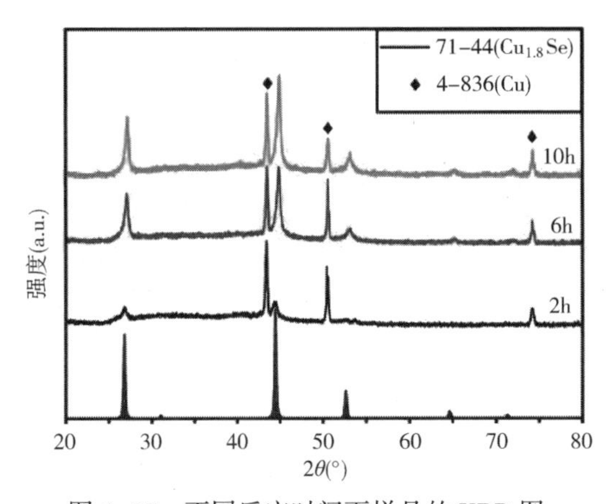

图 4-17　不同反应时间下样品的 XRD 图

随后，我们考察了温度对产物的影响。反应温度决定了 Cu 和 Se 的反应速率，当反应温度为 40℃时，得到的样品 18 的形貌和样品 12（反应温度为 60℃）的形貌相似，即一薄层纳米片覆盖在产物的表面。可能是反应温度较低限制了反应速率。当反应温度为 70℃时，在洗涤的过程中生成的 $Cu_{1.8}Se$ 会从骨架上脱落，可能是由于温度较高导致反应速率较快，使得生成的 $Cu_{1.8}Se$ 没能牢牢地生长在基底的表面。当反应时间达到 80℃时，获得样品的骨架已经破碎成许多小片。在 100℃下得到的产物，其骨架已经被完全的破坏。因此反应温度为 60℃是比较合适的。

综上可得，EDA 的量和反应温度对 Cu 和 Se 的反应速率都有重要的作用。反应时间决定了反应的进度。三个因素共同决定样品的形貌和组成，在其协同作用下可实现样品的形貌可控。

4.2.3.4 阳离子交换实现 $Cu_{1.8}Se$ 向 CuAgSe 的转变

在微纳米材料领域，实现卓越的形貌可控是非常困难的。为了使这种三维分等级牡丹花状的形貌在其他材料上得以实现，我们选用样品 1 作为模板，采用离子交换的方法制备三元合金材料，并实现形貌遗传。根据这个思路，将 $AgNO_3$ 的水溶液（0.1mol/L）作为银源，以样品 1 作为模板制备了样品 28。溶液的颜色很快的由无色转变成蓝色，并且反应进行几分钟样品的表面就被一层银白色的产物所覆盖，将反应过程中收集的银白色产物作 X-射线衍射分析［图 4-18（a）］，证明这层银白色的产物是被单质 Cu 置换出来的 Ag 单质。由样品的 XRD 图谱［图 4-18（b）］可知，离子置换过程引进两种新组分，即 Ag（JCPDS No. 3-921）和 CuAgSe（JCPDS No. 10-451）。因此在置换过程中可能同时发生两个反应，反应方程式如下：

$$Cu+2Ag^{+}=Cu^{2+}+2Ag \tag{4-5}$$

$$Cu_{1.8}Se+Ag^{+}=0.2Cu^{2+}+0.6Cu^{+}+CuAgSe \tag{4-6}$$

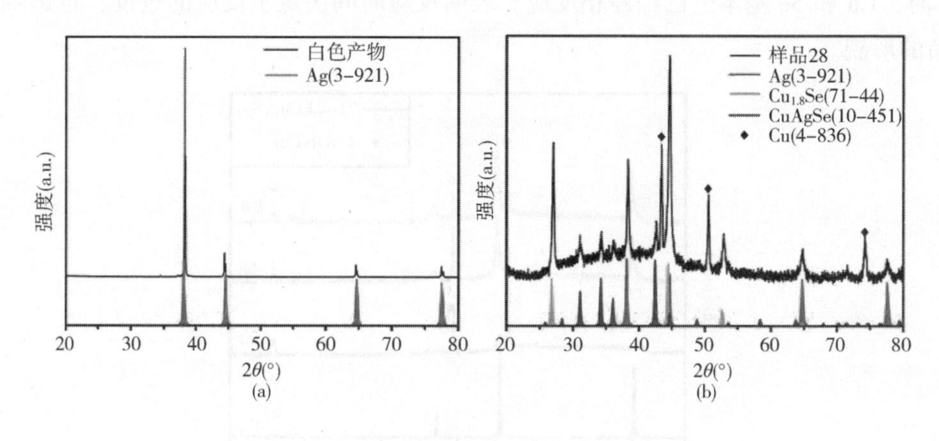

图 4-18 样品 28 的物相图

（a）样品 28 表面银白色产物的 XRD 图；（b）样品 28 的 XRD 图

在这个过程中，Ag^+置换了 $Cu_{1.8}Se$ 晶体中所有的 Cu^{2+}离子和部分的 Cu^+离子，同时也有部分的 Ag^+被位于骨架内的单质 Cu 置换而生成单质 Ag。在短时间内有大量单质 Ag 的生成可能是由于水溶液中 Ag^+浓度太高，使得反应的速率太快。为了降低反应（4-5）的反应速率，我们将银源改变成硝酸银的无水乙醇溶液，因为硝酸银在无水乙醇中的溶解度非常低。在这种条件下成功获得了牡丹花状的 CuAgSe/$Cu_{1.8}Se$复合微米球，并实现了形貌遗传。为了详细研究离子置换过程，在不同置换时间制备了样品 23~27。图 4-19（a4）、（a3）、（a2）为样品 22、24 和 26 的 SEM 图，不难发现样品 22~26 具有相似的形貌，并且与样品 1 的形貌一样，完美地实现了形貌遗传。然而，当置换时间达到 1h 时，如图 4-20（a）样品 27 虽然仍然保持着三维分等级牡丹花状微米球的形貌，但是组成微米球的纳米片的表面有许多颗粒状产物的生成，这些颗粒可能是被 Cu 从硝酸银中置换出来的金属 Ag 单质。因此置换时间对置换产物的形貌和组成有着重要的影响。

图 4-19　阳离子置换形貌图

（a）不同置换时间下产物形貌图；（b）样品 22 的 EDX 面扫图

为考察骨架上生成的产物组成，我们将生成的产物从骨架上刮下来进行 XRD 测试。图 4-21（a）为样品 22、24、25 和 26 的 XRD 图谱，证明了这些产物均由 CuAgSe 和 $Cu_{1.8}Se$ 组成。随着置换反应的进行，CuAgSe 的峰慢慢加强，而 $Cu_{1.8}Se$ 的峰却被削弱。样品 22 的 XRD 图谱中还有 $Cu_{1.8}Se$ 的峰，说明仅一部分的 $Cu_{1.8}Se$ 转变成 CuAgSe。当置换时间达到 1h 时，图谱中出现的单质 Ag 的峰，还出现了几个杂峰，但是 $Cu_{1.8}Se$ 的峰仍然存在。为了考察骨架中单质 Cu 对置换反应的影响，从样

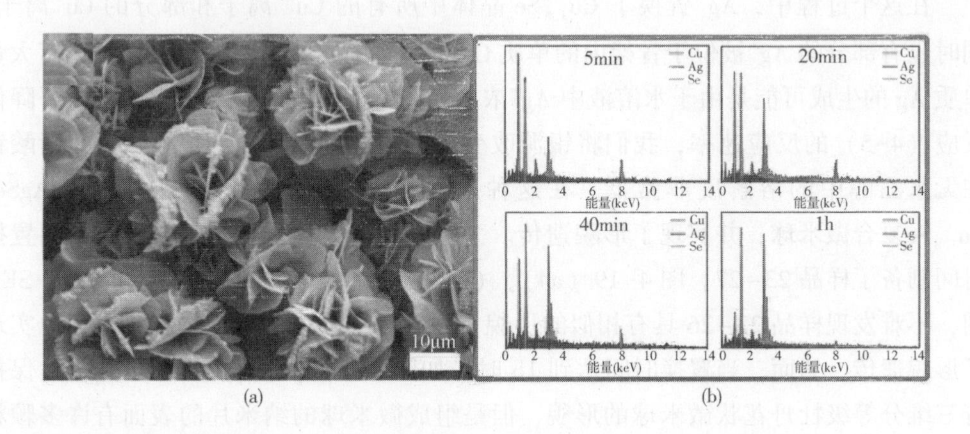

图 4-20　样品形貌和元素图

（a）样品 27 的 SEM 图；（b）样品 24、26、22 和 27 的 EDX 图

品 1 骨架表面刮下来 $Cu_{1.8}Se$，用这些刮下来的产物与硝酸银反应，制得了样品 29，图 4-21（b）为样品 29 的 XRD 图，从图中可以看出单质 Ag 的峰仍然存在。因此在 $Cu_{1.8}Se$、硝酸银和乙醇均存在的混合体系里，$Cu_{1.8}Se$ 与 Ag^+的置换反应和 Cu^+的歧化反应同时存在。Cu^+的歧化反应方程式展示如下：

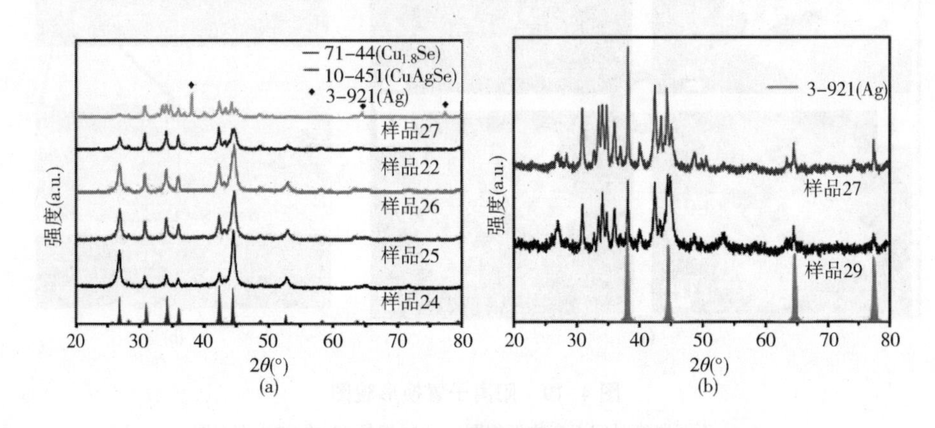

图 4-21　样品物相分析

（a）样品 22、24、25、26、27 的 XRD 图；（b）样品 27 和 29 的 XRD 图

$$2Cu^+ \xlongequal{} Cu+Cu^{2+} \tag{4-7}$$

综上可知，当样品 1 放入硝酸银的无水乙醇溶液里时，反应式（4-5）、式（4-6）和式（4-7）同时开始，因此 CuAgSe 和单质 Ag 也同时生成。单质 Ag 的峰仅仅在置换时间达到 1h 时才出现，可能是因为当反应时间少于 1h 时，生成的单质 Ag 的量比较少，与骨架结合不牢固，在洗涤过程中很容易被冲掉；当时间达到 1h 后，由于置

换时间较长生成的单质 Ag 的量较多，沉积时间也较长，与骨架结合比较牢固，在洗涤的过程中单质 Ag 洗不干净，XRD 图谱中出现单质 Ag 的峰。同时，EDX 数据也证明了这样的现象，图 4-20（b）为样品 22、24、26 和 27 的 EDX 图谱，显示出这些样品都只有三种元素组成，即 Cu、Se 和 Ag，这些样品中 Cu、Se 和 Ag 的原子比依次为 35∶32∶33、51∶34∶14、43∶33∶24 和 16∶29∶55。随着置换反应的进行，Cu 的含量明显减少，Ag 的含量明显增加，Se 的含量基本上保持不变。置换时间达到 1h 时，样品中 Ag 的含量已经高达 55%，Cu 的含量却减少到 16%，并且 Se 的含量较其他样品也有所减少，证明产物中有单质 Ag 的存在。样品中 Cu、Ag、Se 比例随着置换时间变化说明具有三维分等级结构牡丹花状微米球形貌的样品中，样品 22 达到 $Cu_{1.8}Se$ 和 Ag^+ 置换反应的最大程度，并且没有将单质 Ag 引入产物中。同时，图 4-19（b）、（c）也证明 Cu、Ag、Se 三元素在样品 22 的微米球中分布的非常均匀。

为了进一步检测样品 22 中的元素组成，对样品 22 进行 XPS 测试。图谱上的主峰分别对应 Cu $2p_{3/2}$、Cu $2p_{1/2}$、Ag $3d_{5/2}$、Ag $3d_{3/2}$ 和 Se $3d_{3/2}$ 的结合能如图 4-22（a）所示。932.2eV 的峰对应于 Cu $2p_{3/2}$ 的结合能，951.9eV 与 Cu $2p_{1/2}$ 的结合能相符合如图 4-22（b）所示，出现一个 19.7eV 的分裂能，与 Cu^+ 的表征分裂能 19.8eV 相一致，证明 Cu^+ 的存在，其可能来自于 $Cu_{1.8}Se$ 和 CuAgSe 中，这与以往的报道较相似。图 4-22（c）中 Ag 3d 分裂为 Ag $3d_{5/2}$ 和 Ag $3d_{3/2}$ 两个峰，其结合能分别与图中的 367.9eV 和 373.9eV 相对应，分裂能为 6.0eV 与 Ag^+ 相对应，说明了 Ag^+ 的存在，来自于 CuAgSe 组分。Se $3d_{3/2}$ 的结合能与图 4-22（d）中的位于 53.7eV 的峰相对应，说明 Se^{2+} 的存在，来自于 $Cu_{1.8}Se$ 和 CuAgSe 材料。以上分析再次证明 CuAgSe 引入新材料中。

综上所述，通过阳离子交换的方法成功的改变了样品 1 的组成，同时实现了 $Cu_{1.8}Se$ 到 CuAgSe 的形貌遗传。

4.2.3.5　$Cu_{1.8}Se$ 在置换前后光学性能表征

在低温（60℃）下，通过原位生长的方法成功的制备了三维分等级牡丹花状的 $Cu_{1.8}Se$ 微米球材料。并且通过阳离子置换在不同置换时间得到了一系列置换产品，其具有不同的 Cu、Ag、Se 原子比。在这个过程中，CuAgSe 相被巧妙的引入样品 1 中。我们考察了样品 1、22、24、25、26 的紫外—可见光吸收特性，如图 4-23（a）所示，从图中不难看出样品 1 的吸收边大约位于 325nm 处，置换后样品的吸收边相对于样品 1 均有一定的红移现象，随着置换时间的延长，红移现象更加明显。当置换时间达到 40min 时，所制得的样品 22 的吸收边已经红移到大约 415nm 处。根据以上数据通过外推法得到了所制备样品的带隙，如图 4-23（b）所示，从图中可以看出样品 1 的带隙为 3.83eV，样品 24、25、26 和 22 的带隙依次为 3.61eV、3.37eV、

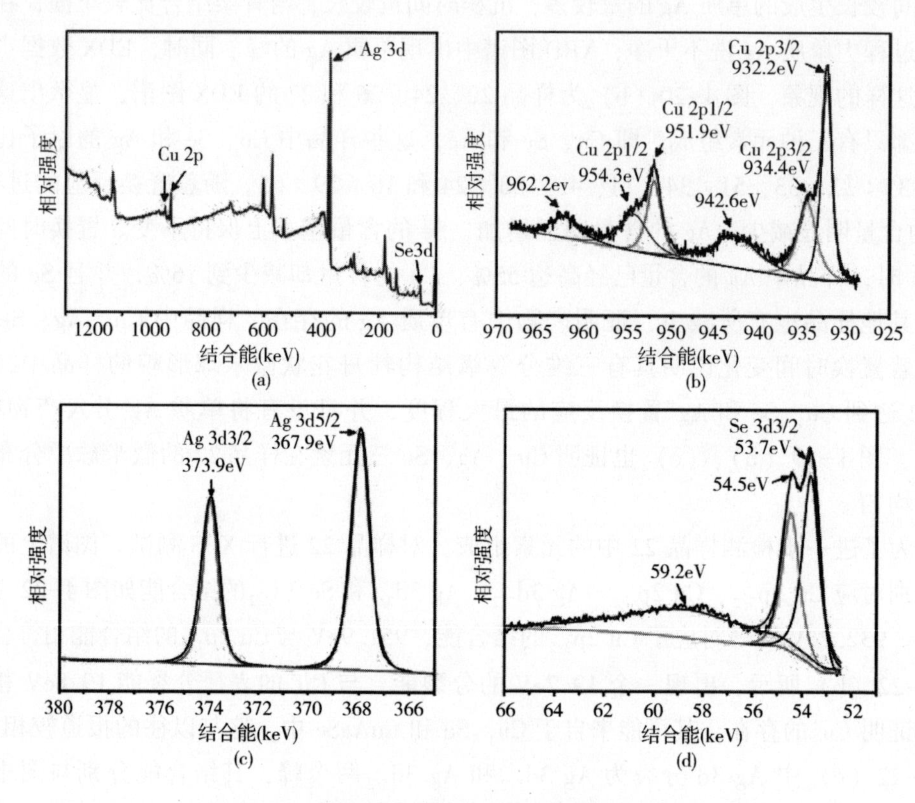

图 4-22 样品 22 的 XPS 图

(a) 全谱；(b) Cu；(c) Ag；(d) Se

3.26eV 和 3.03eV。也就是说，随着 CuAgSe 在置换产物中比例的增加，材料的带隙从 3.83eV 连续调优到 3.03eV。因此，通过阴离子交换的方法在形貌遗传实现的同时又成功地实现了材料带隙的连续调优。

随后，将样品 1 和样品 22 用作光—芬顿催化剂降解有机染料（MB 和 RB）的水溶液，进一步证明材料带隙的调控。在这个过程中，金属离子、紫外灯照射和光催化作用都可以加速 H_2O_2 快速分解，产生大量羟基自由基（·OH），从而将有机染料的大分子氧化成小分子，如 CO_2、H_2O 等。然而 Cu 离子促进 H_2O_2 分解的能力要远远超过 Ag 离子。由上述实验可以看出在离子置换的过程中，随着阴离子的引入，产物中铜离子的数目在不断地减少。根据这一点，样品 22 降解 MB 和 RB 水溶液的降解效率应该要低于样品 1。紫外照射对 H_2O_2 分解的促进作用是非常微弱的，因此可以被忽略。至于光催化的影响，H_2O_2 作为电子—空穴对的捕获者，在相同光源照射的情况下，具有窄带隙的半导体材料形成电子—空穴对的速率就会更高，因此能够更快地促进 H_2O_2 分解，并释放出羟基自由基。图 4-24 为一个简易的光催化示意图。

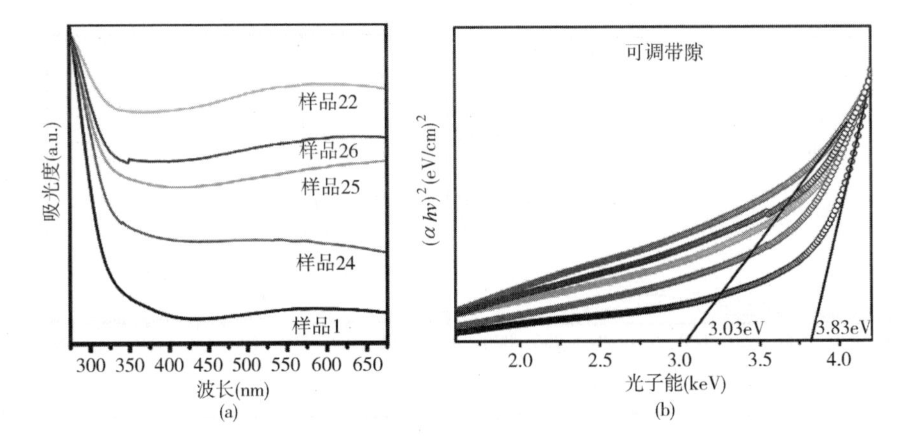

图 4-23　置换前后样品的光学性能图

（a）置换前后样品的紫外可见光吸收图谱；

（b）置换前后产物光吸收图谱转化的带隙曲线

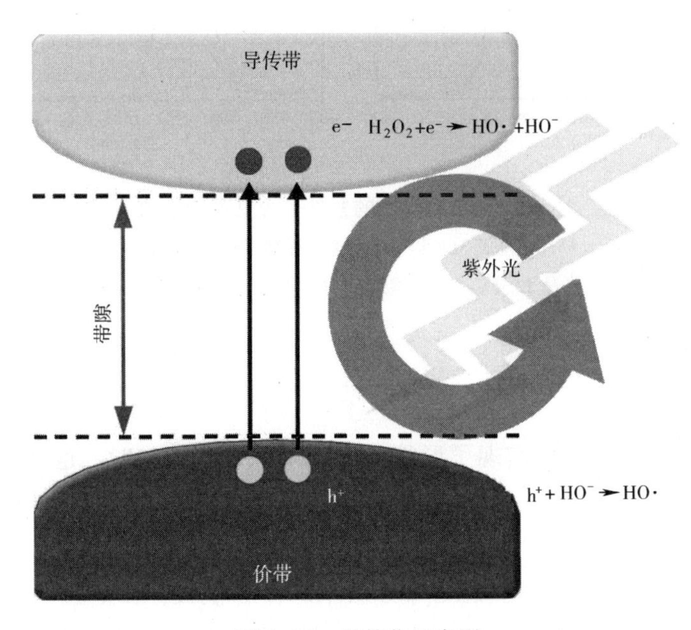

图 4-24　光催化示意图

图 4-25 为样品 1 和 22 分别降解 MB 和 RB 水溶液的降解曲线。从图中看出，样品 22 降解 RB 的降解速率与样品 1 相似，都是在 8min 内降解率达到 95%。然而，样品 22 对 MB 的降解效率却比样品 1 要高，在同样条件下降解时间缩短了 2min。这一结果再一次证明样品 22 具有一个较窄的带隙，说明阳离子置换成功地实现了材料的带隙调优。

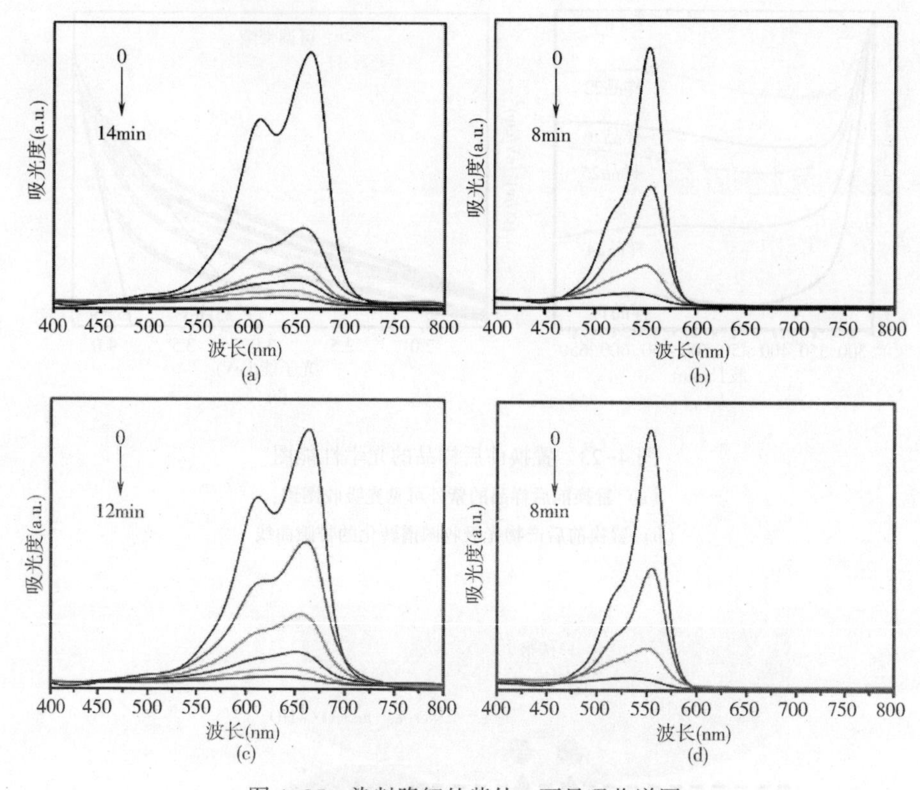

图 4-25　染料降解的紫外—可见吸收谱图

（a）样品 1 降解 MB 水溶液；（b）样品 1 降解 RB 水溶液；

（c）样品 22 降解 MB 水溶液；（d）样品 22 降解 RB 水溶液

4.2.4　结论

通过离子交换法成功地实现了形貌遗传和带隙调优。同时，也为三元甚至多元材料的制备提供了一个简单可行的方法。首先，通过温和、低温的原位生长方法合成了具有三维分等级牡丹花状 $Cu_{1.8}Se$ 微米球材料，实现了形貌可控，并详细地研究了产物的生长机理。以牡丹花状 $Cu_{1.8}Se$ 微米球作为模板，在室温（大约 25℃）下通过 Ag^+ 交换的方法实现了 $Cu_{1.8}Se$ 向 CuAgSe 形貌遗传，并且材料的带隙也被连续地从 3.83eV 调优到了 3.03eV，为材料性能的调优提供一个行之有效的方法。

第5章　生物质原位构筑铜基类芬顿催化剂

5.1　聚丙烯腈纤维负载 CuS@ Ni_3S_4 的制备及其光催化性能研究

5.1.1　引言

目前，自然界水质问题已经引起了社会的密切关注，许多的科研工作者开始逐步追求高效合理的技术来解决这一问题。其中，半导体光催化处理污染废水因温和的反应条件、无二次污染、分解彻底且无选择性等优点，在有效缓解有机污染问题方面受到了广大科学家的高度重视。然而，在半导体光催化降解过程中，半导体表面的光生载流子（电子、空穴）极易重新复合进而减少光催化反应的光量子利用率从而降低了其降解性能。于是，如何提升半导体光催化材料的光量子效率从而改善其光催化效率成为现今众多科学研究人员亟待解决的问题。其中半导体材料——过渡金属镍的硫化物因具有独特的光、电、磁等物理和化学性质，已被广泛应用于高容量锂离子电池的阴极材料、催化剂、超级电容器等领域。近年来，利用模板法、超声波和微波辐射法、化学气相沉积法、溶剂热法、生物分子辅助方法等制备了各种形貌镍的硫化物微纳米材料，如纳米棒、纳米线、纳米片、纳米管以及由此构筑的纳米材料的组装器件，引起科研者的广泛关注。其中，由溶剂热法所制备的材料因其具有良好的分散性、高纯度、可控的粒径和良好的微观形貌等优点，广泛应用于纳米材料的合成与研究中。

5.1.2　实验部分

选用硝酸镍、尿素与硫脲为原料，采用溶剂热法成功地在负载了硫化铜的聚丙烯腈（PAN）纤维上制备了三维纳米结构的 CuS@ Ni_3S_4复合物，并用 XRD、SEM、EDS 等对产品进行了表征。其后又通过控制反应时间来探究这种复合结构的生长机理，并且在蒸馏水、无水乙醇、乙二醇和异丙醇溶剂体系下，探讨不同的溶剂对 CuS@ Ni_3S_4复合结构形貌的影响。在催化降解实验中，以紫外光为光源，通过降解亚甲基蓝（MB）和罗丹明 B（RB）考察了其光催化活性。实验结果表明，以无水乙醇为溶剂制备的菠萝状 CuS@ Ni_3S_4复合材料在紫外光照射下表现出高的光催化降解效率，光照 240min 后降解率可达到 97%。

将制备好的 PAN 导电纤维用平纹织布法织成纤维布，经无水乙醇和去离子水清洗三次后裁剪成 1cm×1cm 的小方块。称取 0.8723g $Ni(NO_3)_2 \cdot 6H_2O$、0.2283g 硫脲和 0.3603g 尿素加入装有 24mL 无水乙醇的烧杯中，搅拌均匀得绿色溶液 A。再把裁剪所得的 PAN 导电纤维织布静置其中，60min 后将混合液转移到 30mL 的聚四氟乙烯内胆水热反应釜中，密封并放入 120 ℃恒温烘箱中反应 6h。反应结束后，冷却至室温。取出后用蒸馏水与无水乙醇各洗涤三次，将所得样品放在 60℃真空干燥箱中干燥 12h 备用。当选用不同溶剂时，其实验步骤和上述基本一致，只是溶剂分别换成了水、乙二醇和异丙醇。制备流程如图 5-1 所示。

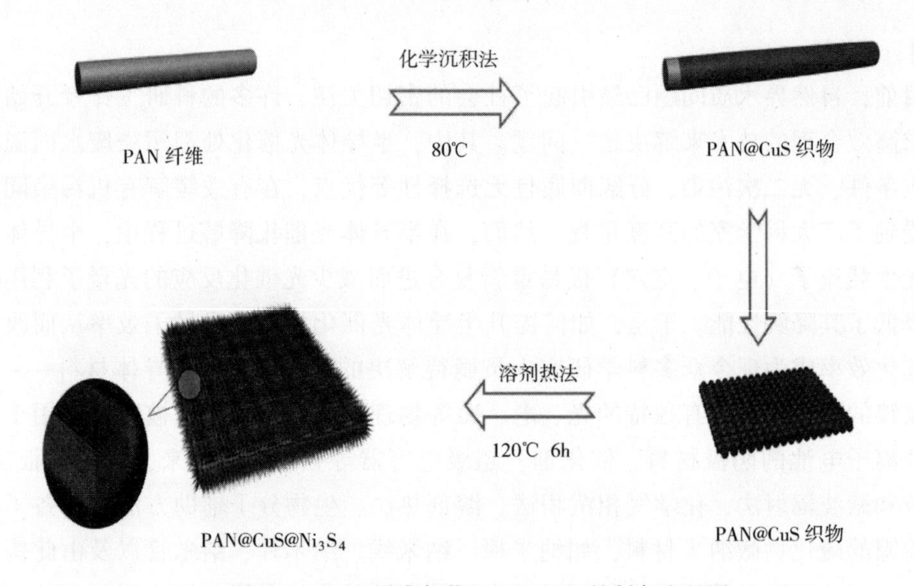

图 5-1　PAN 纤维负载 $CuS@Ni_3S_4$ 的制备流程图

以光催化降解亚甲基蓝（MB）和罗丹明 B 为模型反应，在紫外光下考察所制样品的光催化活性。光催化实验在容积为 30mL 的反应器上方悬有 450W 高压汞灯作为紫外光光源。在光催化降解反应器中加入初始浓度为 20mg/L 的罗丹明 B 水溶液 10mL，其后将样品（负载量 0.6mg/cm^2）置于其中。在以高压汞灯为光源的光照射下进行光催化降解，每隔 60min，用一次性吸管吸取上层溶液 3mL，选择紫外—可见分光光度计测定吸光度。样品的紫外—可见吸收光检测用日本岛津公司 UV-2500 型紫外—可见分光光度计，扫描范围为 300~800nm。

5.1.3　结果与讨论

5.1.3.1　PAN 负载 $CuS@Ni_3S_4$ 的 XRD 分析

如图 5-2 所示，为所制备样品的 XRD 的图谱。在 16°和 28°处的峰为纯 PAN 纤维的特征衍射峰。经过化学水浴螯合，在其表面负载导电物质后，与 CuS 标准卡片

JCPDS 85-620 对比，发现衍射峰基本能吻合，其中也出现部分硫化亚铜的特征衍射峰，不过 PAN 纤维表面负载的导电物质主要为硫化铜。然而，采用溶剂热法继续生长硫化镍活性物质后，在 16°衍射峰的强度有所降低，这是由于 PAN 纤维在高温下发生了部分解取向。在图谱中，16.6°、26.6°、31.4°、38.0°、47.0°、50.2°、64.5°和 68.88°出现的衍射峰基本和 Ni_3S_4（JCPDS No. 85-620）吻合，而且分别对应着（111）、(220)、(311)、(400)、(422)、(511)、(440)、(533) 和 (444) 晶面。综上，可得通过化学水浴和一步溶剂热法在 PAN 纤维上成功制备出了 CuS@ Ni_3S_4复合材料。

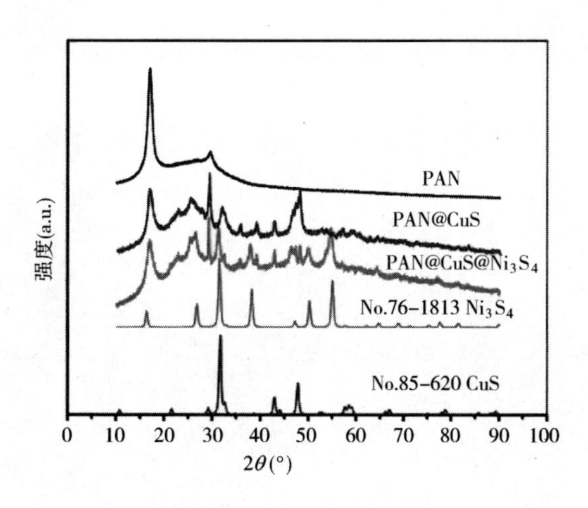

图 5-2　PAN、PAN@ CuS 和 PAN@ CuS@ Ni_3S_4的 XRD 图

5.1.3.2　PAN 负载 CuS@ Ni_3S_4的 SEM 和 Mapping 分析

如图 5-3 所示为所制备样品在不同放大倍数下的 SEM 图。图 5-3（a）所示是 PAN 导电纤维经过平纹织布法织成的纤维布，从中可看出纤维紧密的编织在一起，图 5-3（c）为在聚丙烯腈纤维上采用一步水浴法化学螯合负载的硫化铜形貌，其显示 PAN 纤维表面均匀负载着一层致密的硫化铜薄层。通过进一步的溶剂热法（乙醇为溶剂）将 Ni_3S_4继续生长在其表面，如图 5-3（b）所示。图中可观察到聚丙烯腈纤维表面形貌结构发生了巨大的变化，在 PAN 纤维表面上负载了高度有序结构的 CuS@ Ni_3S_4复合材料。将其在更高的放大倍数下观察，如图 5-3（d）所示可看出这种独特连续的异质结构是由许多单独的纳米片相互连接而成，进而呈现出菠萝状结构。从反应动力学角度推测，将已负载硫化铜的 PAN 纤维织布浸渍在硝酸镍溶液中易于形成晶体成核位点，在溶剂热高温高压下有利于纳米片晶体的生长，并且以这一晶核为基点向外延生长 Ni_3S_4纳米片晶体然后相互连接，从而形成这种类菠萝状的特殊结构。图 5-3（e）所示，为所制备样品的元素分布信息，图中显示 Cu、Ni、S

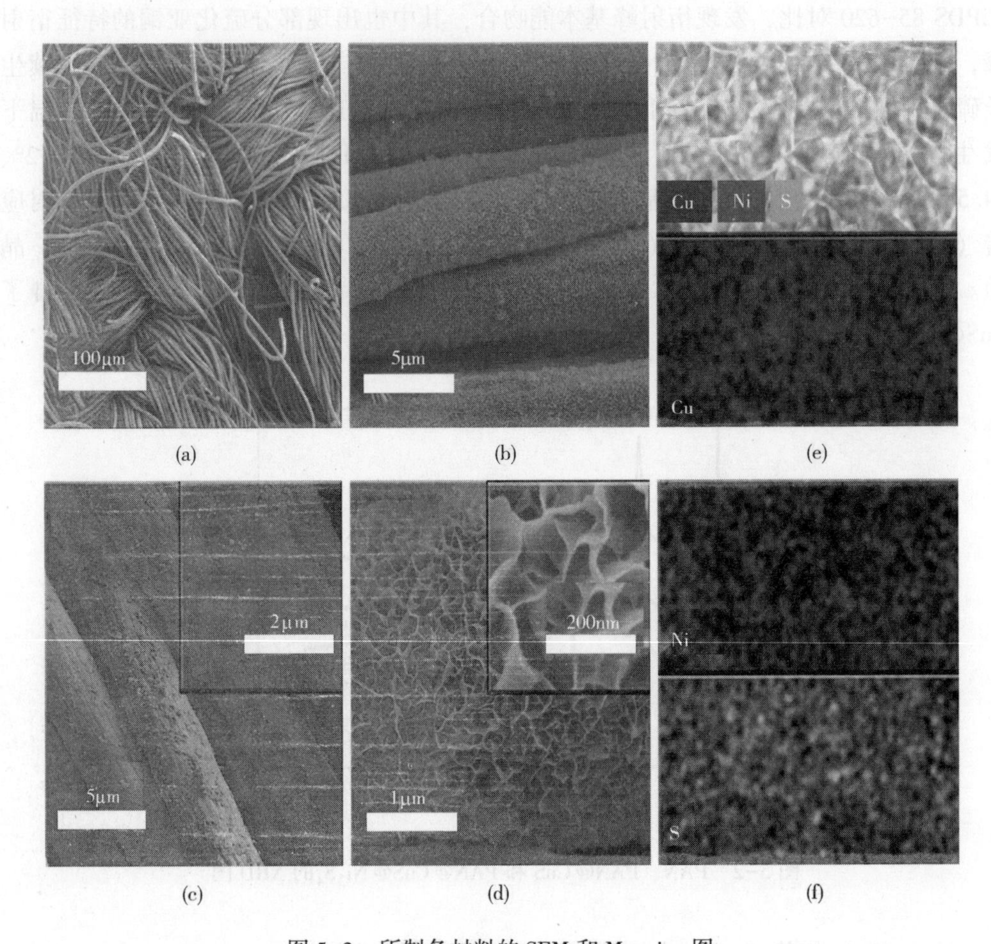

(a) (b) (e)

(c) (d) (f)

图 5-3 所制备材料的 SEM 和 Mapping 图

(a)、(c) PAN@ CuS；(b)、(d) PAN@ CuS@ Ni_3S_4；(e) CuS@ Ni_3S_4的 Cu、Ni 和 S 的元素分布图和相应的 Cu 元素分布图；(f) CuS@ Ni_3S_4相应的 Ni 和 S 的元素分布图

元素均匀分布在 PAN 纤维上，进一步证明了 CuS@ Ni_3S_4成功地负载在 PAN 纤维上。

5.1.3.3 反应时间对 PAN 负载 CuS@Ni_3S_4形貌的影响

本节探讨溶剂热法制备 CuS@ Ni_3S_4的生长机理，分别对反应时间 2h、4h、6h、8h、10h 的样品做形貌结构的分析，其结果如图 5-4 所示。其中，图 5-4（a）和（b）为反应 2h 的形貌结构，发现纤维表面基本未发生变化，这可能是由于反应时间太短没有生成所需物质的晶核，而且从 5-4（b）图还可以看出纤维表面存在部分铜硫化合物的脱落现象。当反应时间延长到 4h 时，纤维表面出现片状结构的物质，从放大图图 5-4（c）中可以看到片状结构的物质周边还夹杂着硫化铜颗粒，说明这时异质结 CuS@ Ni_3S_4复合物开始生成，但还没有生长完全。当反应时间继续延长到 6h 时，不管是小倍率扫描电镜图还是大倍率扫描电镜图，如图 5-3（e）

和（f），均能明显地看到聚丙烯腈纤维表面均匀负载着高度有序的异质结 CuS@ Ni_3S_4复合物，说明反应时间在 6h 时这种片状结构已经生长完全。可当反应时间延长到 8h 时，纤维表面形貌结构又继续发生变化，如图 5-4（g）和（h），从图中可看出，纤维表面不再保持有序的类菠萝状结构，从放大的图中看到片与片之间进一步的相互连接，片状结构有逐渐卷曲成颗粒球的趋势，从而呈现出片状结构减少而颗粒球状物质逐渐增多的现象。当反应时间达到 10h 时，纤维表面结构则发生严重的坍塌变形，如图5-4（i）和（j）所示。从（i）中可看出反应时间过长导致负载于纤维表面的复合物发生严重的脱落，原本部分附着于纤维表面的高度有序的片状结构基本消失。这可能是由于反应时间过长，片状结构的相互连接卷曲成球状颗粒的趋势继续增加，而且聚丙烯腈纤维也不足以继续承载不断增加的颗粒状复合物，进而引起了原本负载在纤维表面的大量生成物分离脱落。综上，最佳反应时间为 6h 得到三维有序的类菠萝状 CuS@ Ni_3S_4复合物。

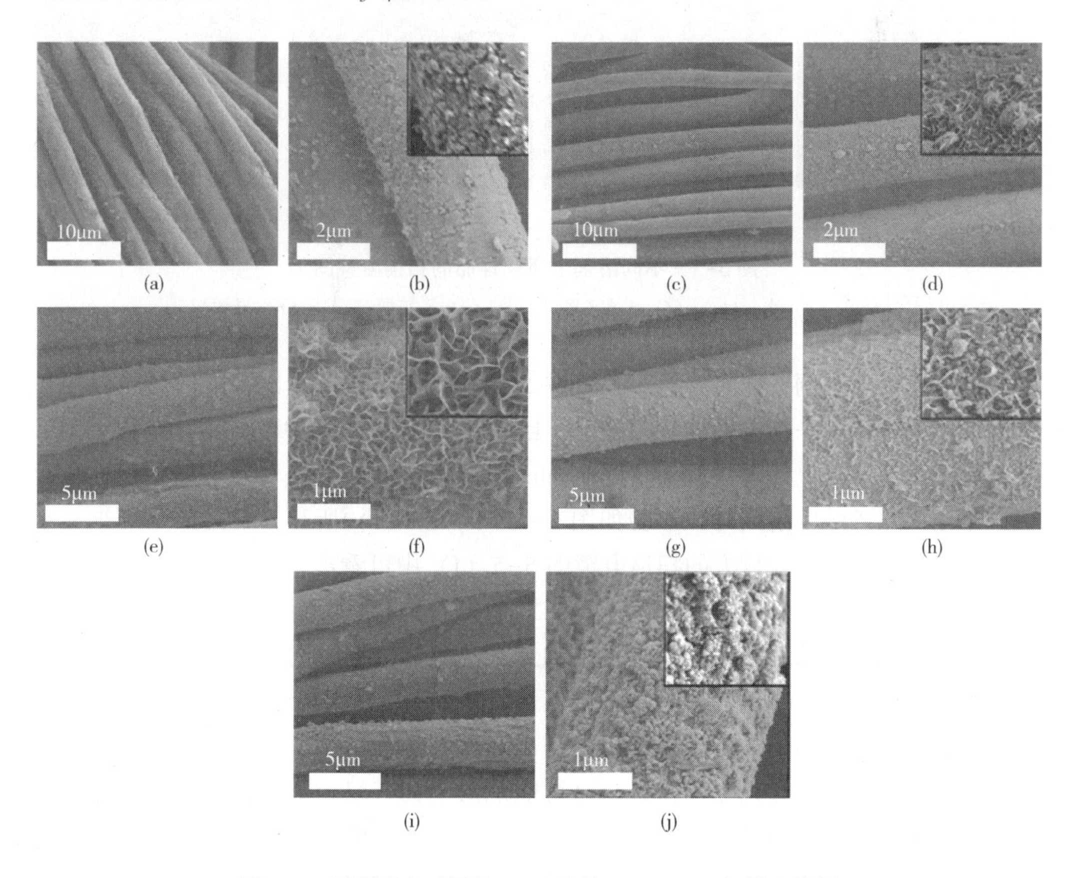

(a) (b) (c) (d) (e) (f) (g) (h) (i) (j)

图 5-4　不同反应时间的 PAN 负载 CuS@ Ni_3S_4扫描电镜图

(a)、(b) 2h；(c)、(d) 4h；(e)、(f) 6h；(g)、(h) 8h；(i)、(j) 10h

5.1.3.4 溶剂对 PAN 负载 $CuS@Ni_3S_4$形貌的影响

如图 5-5 所示，是分别采用水、无水乙醇、乙二醇和异丙醇为溶剂，制备的 $PAN@CuS@Ni_3S_4$的扫描电镜图。

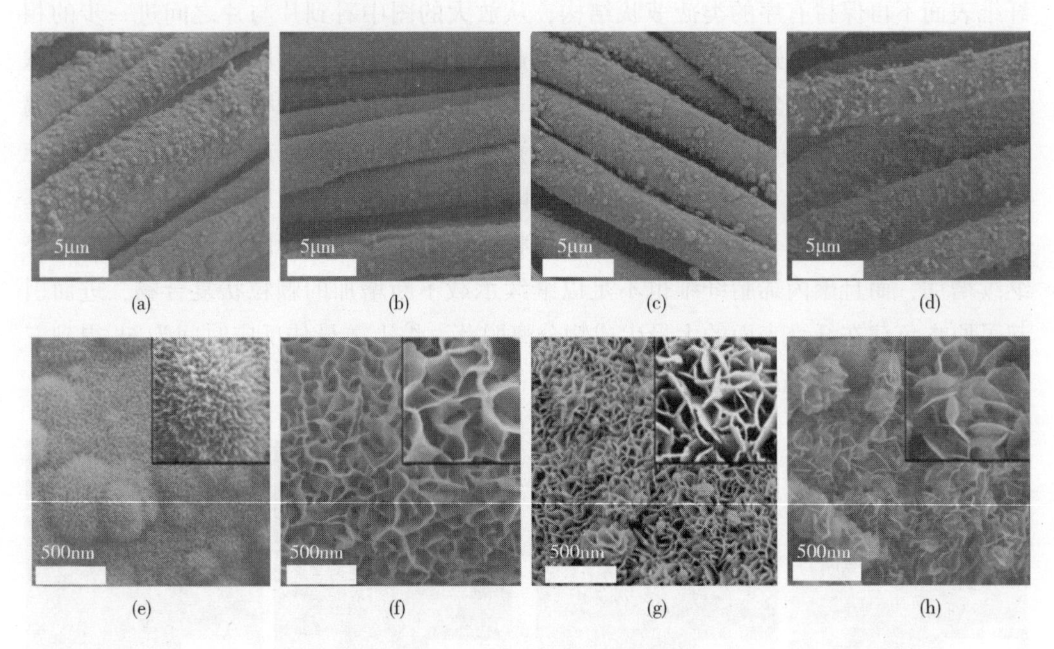

图 5-5 不同溶剂下所制样品的扫描电镜图

(a)、(e) 水；(b)、(f) 无水乙醇；(c)、(g) 乙二醇；(d)、(h) 异丙醇

从以水为溶剂制备样品的形貌图图 5-5（a）和（e）可看出，聚丙烯腈由粗糙的表面结构转变为一根根毛绒状的纤维，且从放大的图（e）中可看到，这种毛绒状的纤维是由其表面上许多颗粒尺寸近 500nm 的海胆状 $CuS@Ni_3S_4$复合物相互堆积而成。采用无水乙醇为溶剂时，形貌如图 5-5（b）和（f）所示，聚丙烯腈纤维又呈现出类菠萝状结构。在放大的扫描电镜图 5-5（f）中可看出，这种类菠萝状结构的纤维是由其表面上许多超薄的片状 $CuS@Ni_3S_4$复合物相互穿插连接而成。当乙二醇为溶剂时，聚丙烯腈纤维表面则呈现出和无水乙醇为溶剂时制备的样品相类似的片状结构，如图 5-5（c）和（g）所示。不过，从更高的放大倍数图 5-5（g）中可以观察到，用乙二醇为溶剂所制备的材料与以无水乙醇为溶剂所制备的材料相比，其片状结构更小更厚而且也更加密集。这可能是由于拥有双羟基基团的乙二醇与溶液中的镍离子具有更强的结合力，更易形成晶粒晶核。当采用异丙醇为溶剂时，如图 5-5（d）和（h）所示，同样能得到具明显片状结构的 $CuS@Ni_3S_4$异质结复合物。其结构与无水乙醇、乙二醇为溶剂制备的 $CuS@Ni_3S_4$又有所区别。从图中可以看出，这种特殊的片状结构并没有像无水乙醇和乙二醇那样，片与片之间相互贯穿连接在

一起，而是呈现相互独立状态。这种聚丙烯腈纤维表面结构是由许多颗粒尺寸近500nm的片状球逐渐排列而成，从而构成这种高密度三维片球堆积而成的结构。综上，通过采用不同溶剂体系均成功地在聚丙烯腈表面生成了高度分散有序的CuS@ Ni_3S_4异质结构复合材料。其中在以水为溶剂时，制备得出由海胆状颗粒负载的聚丙烯腈纤维，由无水乙醇、乙二醇和异丙醇这三种醇类溶剂可制备得到由片状异质结构复合材料负载的聚丙烯纤维。

5.1.3.5 光催化性能分析

如图5-6所示，是以无水乙醇为溶剂制备的样品对亚甲基蓝溶液的光催化降解图。从5-6（a）和（b）可以明显看出，在高压汞灯照射下，随着光照时间的延长，亚甲基蓝的特征吸收峰逐渐降低。说明制备的PAN@ CuS和PAN@ CuS@ Ni_3S_4在紫外照射下对亚甲基蓝均有催化降解作用，且PAN@ CuS@ Ni_3S_4与PAN@ CuS相比所需降解时间大大减少（仅需4h），显现出其更优异的催化活性。如图5-6（c）所示，为进一步研究所制备材料的催化性能，对无催化剂、纯PAN、PAN@ CuS和PAN@ CuS@ Ni_3S_4这4种材料在相同条件下分别做了光催化降解测试。从图中可看出，无催化剂时亚甲基蓝基本不降解，纯PAN纤维时亚甲基蓝只发生部分降解，这可能是因为纯PAN纤维对其具有物理吸附作用。然而，当加入催化剂后，亚甲基蓝发生了不同程度的分解，表明亚甲基蓝的降解是催化剂催化降解引起的。在PAN@ CuS催化剂作用下，降解效率大幅度提升，达到70%。选用PAN@ CuS@ Ni_3S_4后降解效率又得到了进一步的提升，高达97%。最后，又从反应动力学一级反应速率常数来研究所制备材料的催化降解性能，如图5-6（d）所示。从图中数据可得，纯PAN纤维、PAN@ CuS和PAN@ CuS@ Ni_3S_4的一级反应速率常数分别为$0.072h^{-1}$、$0.315h^{-1}$、$0.708h^{-1}$。从而进一步证实了PAN@ CuS@ Ni_3S_4具有更加优异的催化降解活性。PAN@ CuS@ Ni_3S_4展现出优异的光催化活性的原因可归结于两点：一、经过溶剂热法将Ni_3S_4引入硫化铜负载PAN纤维上之后，其形貌结构发生了巨大变化，形成由许多纳米片连接而成的菠萝状，这种结构相比于单独负载硫化铜的PAN纤维比表面积更大，有利于提供更多的催化活性位点，从而提高其催化降解速率；二、由于Ni_3S_4的引入，生成CuS和Ni_3S_4异质结构，促进光生电子和空穴的有效分离，也正是因为CuS和Ni_3S_4两种催化剂起到的协同作用提高了光生载流子的利用率，进而提高了光催化降解活性。

为了进一步探究所制备材料的可循环使用性能，故对所制备的材料做了循环光催化测试。从图5-7（a）中可看出，经过五次循环降解后发现所制备的样品均表现出优良的催化降解性能。第一次降解效率高达97%，随着循环次数的不断增加，降解效率虽有所降低但均保持着较高的降解效率。5次循环后仍保持90%的降解效率。对循环使用后样品表面形貌又做了一次表征，如图5-7（b）和（c）所示。图中结

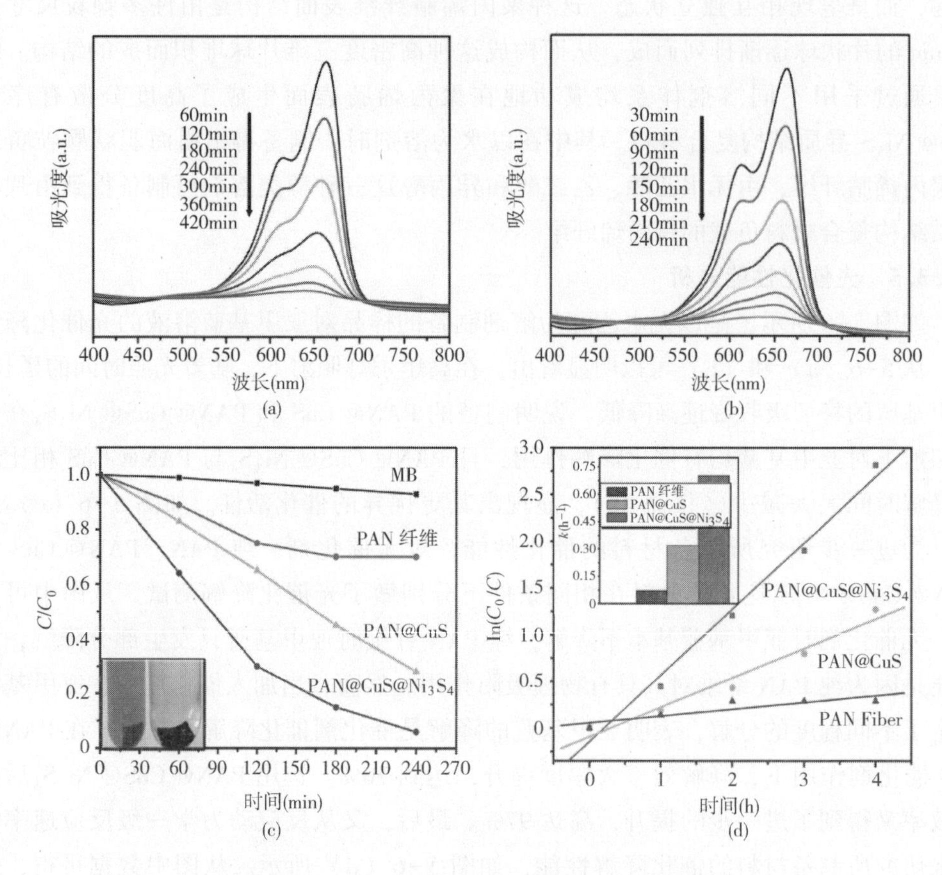

图 5-6 紫外光下所制材料对亚甲基蓝的降解图

（a）PAN@ CuS；（b）PAN@ CuS@ Ni_3S_4；

（c）所制材料的降解效率图；（d）所制材料对亚甲基蓝反应动力学研究图

果显示，所制备功能纤维表面原本相互连接的片状形貌结构基本没有发生明显的坍塌变化，这也进一步证明了所制备的材料不仅具有较高的催化降解效率又有优异的循环降解稳定性。

为进一步探索所制备光催化剂在其他染料废水是否仍具有催化降解性能，以罗丹明 B 为模拟污染物进行了光催化降解实验，其结果如图 5-8 所示。如图 5-8（a）所示为样品对罗丹明 B 的光催化降解，从图中可看出随着光照时间的不断增加，罗丹明 B 的特征吸收峰有着逐渐降低的趋势，说明本次研究所制备的复合催化剂对罗丹明 B 也具有催化降解活性。从图 5-8（b）可知，4h 后罗丹明 B 基本能被降解完全且降解效率达到 92%。并且，对其循环稳定性也做了测试，结果如图 5-8（c）所示。从图中可看出五次循环降解后，发现所制备的样品对罗丹明 B 依旧表现出优异的降解性能。其中，第一次降解效率高达 95%，随着循环次数的不断增加，降解效

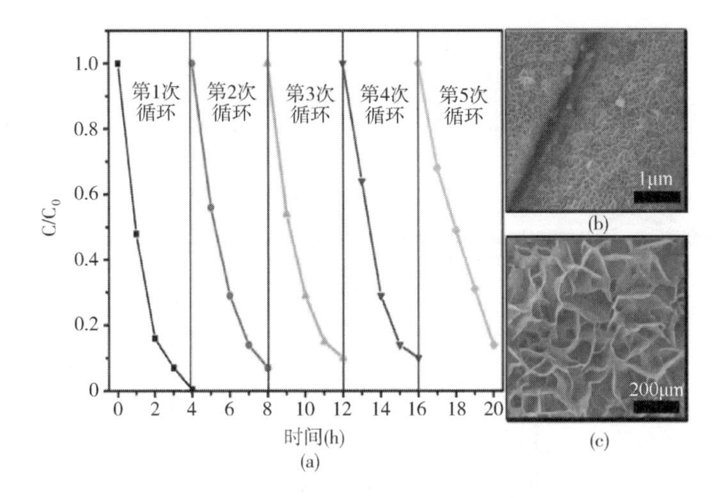

图 5-7　PAN@ CuS@ Ni_3S_4复合催化剂对亚甲基蓝的循环降解性能

（a）对亚甲基蓝的循环降解性能；（b）、（c）循环降解后的形貌结构

率虽有些许降低，但也保持较高的降解效率，5 次循环后降解效率仍保持有 85%的降解效率。故本次研究制备的 PAN@ CuS@ Ni_3S_4在光催化降解染料废水方面显现出了优异性能。

5.1.4　结论

该部分在 PAN 纤维上成功制备了 PAN@ CuS@ Ni_3S_4复合材料，利用多种表征技术对其形貌结构作了分析，并以亚甲基蓝和罗丹明 B 为模拟染料废水探究所制材料的光催化性能。具体结论如下：

（1）利用了先前的实验成果，采用化学水浴法制备出导电性优良的 PAN 纤维，然后将其织成纤维布，进一步通过溶剂热法将硫化镍负载其上。从 XRD 中分析得出，在 PAN 纤维上合成出了 CuS@ Ni_3S_4复合材料。通过 SEM、Mapping 分析得出，在 PAN 纤维上均匀负载着高度有序的菠萝状微纳米结构复合材料。

（2）通过控制反应时间探讨其生长机理，得出 6h 为最佳反应时间。通过，探讨不同的溶剂对其形貌的影响得出，以水为溶剂时，得到由海胆状颗粒负载的聚丙烯腈纤维，由无水乙醇、乙二醇和异丙醇这三种醇类溶剂可制备得出由片状异质结构复合材料负载的聚丙烯腈纤维。

（3）在光催化降解实验中得出，相比于纯 PAN 纤维和 PAN@ CuS，PAN@ CuS @ Ni_3S_4表现出最优异的光催化降解性能。紫外光照 4h 后就能将模拟污染物基本降解且降解效率高达 97%。并且，5 次循环催化后依然保持有 90%的催化降解效率。合

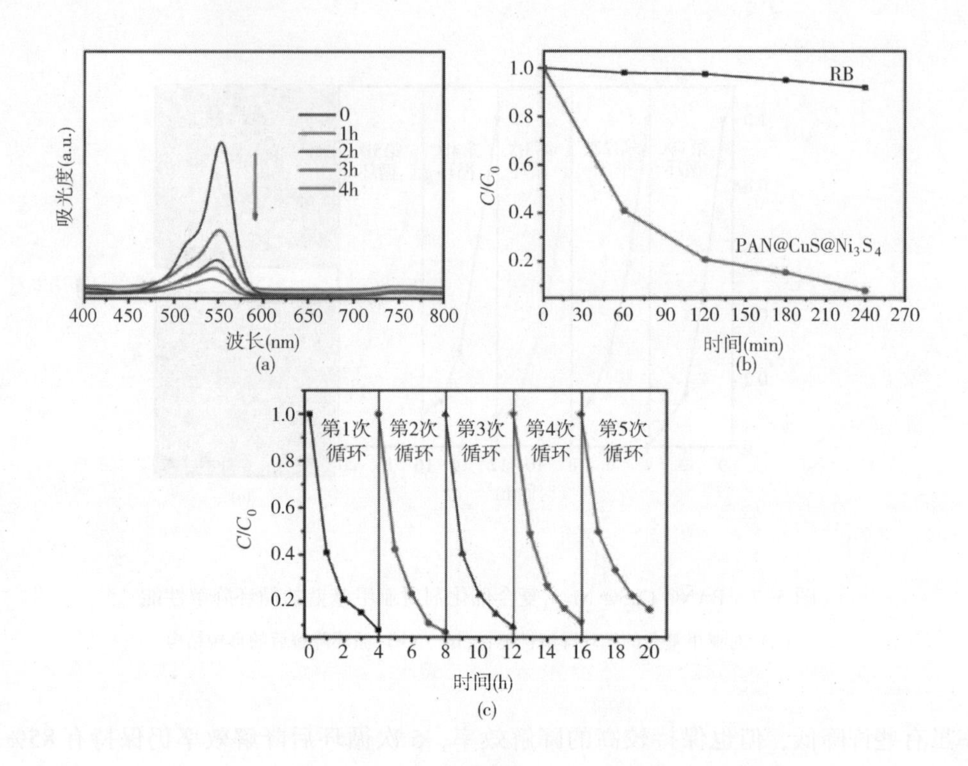

图 5-8　PAN@ CuS@ Ni_3S_4复合催化剂对罗丹明 B 的循环降解性能

(a) 对罗丹明 B 的降解图；(b) 对罗丹明 B 的降解效率图；(c) 对罗丹明 B 的循环降解性能

成材料还具有优异的光催化降解性能。主要是因为经溶剂热引入硫化镍时，聚丙烯腈纤维表面由致密的硫化铜薄层转变成类菠萝状的复合结构，从而提供了更多的反应活性位点。其次，CuS@ Ni_3S_4这一异质结构促进光生电子和空穴的有效分离，降低其重新复合的概率，进而极大地提高了光生载流子的利用率，并显现出比单独光催化剂更加优异的催化降解性能。

5.2　原位硫化合成柔性可回收 PAN-CuS 异质结构及其染料降解性能研究

5.2.1　引言

“绿水青山”不仅是一个中国梦，更是全世界的愿景。然而目前环境污染已经严重威胁到人类的健康，因此研究和发展能够有效缓解环境污染的材料和技术刻不容缓。比较难解决的水体污染已经引起了学者们的广泛关注，其中工业废水占水体污染源的很大比重。例如，染料废水是工业废水的重要组成部分，具有有机物组成复杂、密度大、毒性大等特点。近年来，染料降解技术得到发展，主要包括吸附法、生物法、电化学法和光化学降解法等，物理吸附法虽然具有多样性、高效、易于处理的优点，但是不能从根本上解决问题，且容易造成二次污染；生物法具有较高的选择性，但对污染源的治理难度大，耗资多；化学法中的光催化氧化法具有运行条件温和、降解完全、速度快的优点，该方法利用半导体材料在紫外线的照射下具有的氧化还原能力，将有机大分子污染物直接或间接降解为无污染的小分子，如 H_2O 和 CO_2。因此，光催化氧化法有望成为最有效的处理方法之一。以往的许多研究表明，金属氧化物/硫族化物半导体在光催化过程中起着重要作用。然而，目前利用温和方法大规模制备可回收的光催化材料仍存在挑战。

金属氧化物/硫族化物半导体具有独特的光学、磁学、电学和热力学特性，而且在能源转换和催化方面也有应用，尤其是光催化领域。作为最重要的 P-型半导体材料之一，CuS 因其在太阳能电池、光学滤波器、光电变压器、超导体和传感器等领域的广泛应用而引起人们的关注。各种各样的 CuS 微结构和纳米结构被报道，例如，纳米颗粒、纳米管、纳米片、中空球和微米花等。CuS 也有各种不同的合成方法，有固态合成法、溶剂热法、牺牲模板法、定向附着法等，但是大多数制备出的 CuS 是粉末状的，不利于回收利用。因此开发可回收的光催化材料，探索低成本的大规模制备方法尤为重要。众所周知，静电纺丝是一种制备一维功能材料的重要方法，例如，Sun 等人采用同轴电纺丝法制备了 $Zn(CH_3COO)_2$/丝素纳米纤维毡，通过硫化和炭化得到多孔 ZnS/C 复合材料作为光催化剂。Mai 等人设计了一种通用的梯度电纺丝技术结合可控的热解方法来合成各种类型的介孔纳米管，包括单金属、双金属氧化物和多元素氧化物，并将其用于锂离子电池。因此，用静电纺丝制备出的一维纤维结构具有大比表面积、高孔隙度、柔性和高稳定性的优点，很适合作为基底材料。

在本节内容中，笔者精心设计一种柔性的 PAN-CuS 分等级结构，其中 PAN 纤维作为结构骨架，CuS 作为活性材料。首先利用简单的静电纺丝技术制备出 PAN-Cu^{2+}复合纤维柔性薄膜，接着通过原位硫化在纤维表面长出 CuS 纳米花，且纳米花是由纳米片组装而成的。随后对制备的 PAN-CuS 进行一系列降解染料的性能测试以及可回收性的研究，得出材料优异的光催化活性。这归功于其稳定的纤维结构、CuS 纳米花大的比表面积，更重要的是，CuS 纳米花与纤维之间的连接较强，因此，它能吸收更多的光子，产生纳米级的电子—空穴对，能够阻碍电子与空穴复合、提高光催化效率。此外本实验还探究了 Cu^{2+}的量对降解活性的影响。图 5-9 为 PAN-CuS 分等级结构的制备过程图。

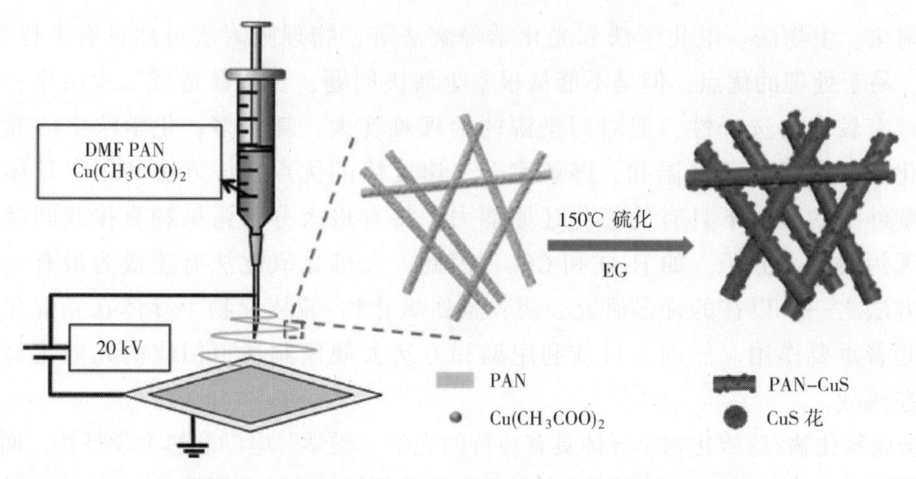

图 5-9　样品 PAN-CuS 分等级异质结构制备的流程图

5.2.2　实验部分

5.2.2.1　合成 PAN-Cu 纳米纤维

采用静电纺丝法制备 PAN-Cu 纳米纤维，具体方法，0.10g 的 PAN 溶解在 10mL DMF 中，在 70 ℃的油浴条件下搅拌数小时，然后向其中加入一定量的 $Cu(CH_3COO)_2$，仍然在油浴下搅拌。待搅拌均匀后，将混合物移到塑料针管里，以 1mL/h 的恒定流速、20 kV 的电压进行电纺，且针头到收集装置铝箔的距离为 16cm，电纺所用的溶液量为 3mL。为探究 Cu 含量对降解活性的影响，$Cu(CH_3COO)_2$ 的加入量分别为 1mmol、1.5mmol、2mmol，制备出的薄膜分别为 PAN-Cu-1、PAN-Cu-2、PAN-Cu-3。此外，作为对比实验，不加入乙酸铜，在相同的纺丝条件下制备纯的 PAN 薄膜。

5.2.2.2　原位硫化法制备 PAN-CuS 分等级异质结构材料

采用溶解热法制备了 PAN-CuS 复合材料。具体地，将 1.5mmol 的硫粉加入 10mL 乙二醇中，将混合物转移到 30mL 聚四氟乙烯反应釜中搅拌数小时后，将得到的 PAN-Cu-1、PAN-Cu-2、PAN-Cu-3 分别放入混合溶液中，在 150 ℃干燥箱中反应 10h。待反应结束，反应釜冷却到室温，收集薄膜，用去离子水和乙醇洗掉薄膜表面未反应的原料，并在 60 ℃的真空干燥箱中干燥 6h，干燥后的样品收集起来即得到 PAN-CuS-1、PAN-CuS-2、PAN-CuS-3。此外，我们称取了 2mmol $Cu(CH_3COO)_2$、1.5mmol S 粉、10mL 乙二醇，搅拌均匀后将纯 PAN 薄膜放入混合溶液中，移至反应釜，在相同硫化条件下得到对比样品 PAN-CuS（PAN 中不含金属盐）。

5.2.3　结果与讨论

5.2.3.1　PAN-CuS 分等级异质结构的物相及组分表征

PAN-CuS 异质结构是在 PAN-Cu 的基础上硫化得到的，如图 5-10（a）、（b）

是 PAN 的形貌图，可以看出单根纳米纤维的直径约为 200nm，图 5-10（c）、（d）是 PAN-Cu 的形貌图，纤维直径约为 500nm，由于其中含有铜盐，直径相比于纯的 PAN 有所增大，且纤维表面并非绝对光滑。通过图 5-10（e）、（f）可以看出，通过硫化，Cu^{2+}移动到纤维表面生成 CuS，纤维的直径继续增大，整体结构保持完好。说明纤维具有良好的结构稳定性，其中 PAN-Cu 作为基底材料提供结构支撑，将花状的 CuS 串联起来，形成了一种分等级的异质结构，且 CuS 花状结构是由纳米薄片组装而成，直径约为 200nm。

图 5-10　PAN-Cu 样品合成各阶段的 SEM 图

（a）、（b）PAN 样品的 SEM 图；（c）、（d）PAN-Cu 样品的 SEM 图；（e）、（f）PAN-CuS 样品的 SEM 图

CuS 的生长机理在过去的研究中已经被报道，具体过程如下：

$$2HOCH_2CH_2OH-2H_2O \longrightarrow 2CH_3CHO \longrightarrow 2H_3CCOCOCH_3+2H \quad (5-1)$$

$$S+2H \longrightarrow H_2S \quad (5-2)$$

$$Cu^{2+}+H_2S \longrightarrow CuS+2H^+ \quad (5-3)$$

反应温度选在 150 ℃超过硫粉的熔点（120 ℃），首先，在高温下乙二醇进行脱水反应生成乙醛，同时提供氢原子作为还原剂，如反应式 5-1；接下来通过还原反应生成了 S^{2-}，如反应式 5-2；最后如反应式 5-3 所示。当含有 Cu^{2+} 的纤维薄膜与乙二醇接触，Cu^{2+} 从纤维内部迁移至表面，与 S^{2-} 反应形成了 CuS 晶核。当离子浓度达到一定程度，晶核不断长大，在乙二醇的导向作用下，形成了纳米片，随着时间的增加，纳米片进一步组装成为纳米花。从图 5-11（a）~（f）可以看出，随着 Cu^{2+} 含量的增加，生成的 CuS 也变多了，但是并不意味着花状结构也会增多，如图 5-11（e）、（f），纤维上基本都是未组装成花的纳米片，产生这个结果的原因为，当 Cu^{2+} 浓度增加时，CuS 晶核数量增加，但是成长速度变慢，在相同的反应条件下，片状结构来不及组装成为花状结构。从图中可以看出 PAN-CuS-2 的形貌最为理想，因此其可能具有较高的降解活性。图 5-11（g）为 PAN-CuS-2 的 XRD 图，从图中看出在 24.9°处存在一个较宽的峰，这是 PAN 纤维中碳的峰形。曲线中其他位置的衍射峰与 CuS 的标准卡片 JCPDS No. 06-0466 的峰对应，除此之外没有其他峰型说明制备出的 PAN-CuS 的纯度较高。图 5-11（h）为 PAN-CuS-2 的 EDX 图，证明了此分等级异质结构含有 C、O、Cu、S 元素，图 5-11（j）中 PAN-CuS-2 的 TEM 图更清楚地表征出 PAN-CuS 的几何结构，CuS 是由平均直径为 50nm 的薄膜构成。图 5-11（j）中有序的晶格条纹清晰表明 CuS 纳米片具有高度的结晶性，晶格间距为 3.21Å 与 CuS 晶体的（101）面一致。相应的选区电子衍射（SAED）图证实了 CuS 是具有高度结晶性的多晶材料。

对比样品的形貌如图 5-12 所示，在纯的 PAN 薄膜上生长出的 CuS 大小不一，不均匀地分布在纤维表面，这个结果证明在 PAN 里加入 Cu 盐进行纺丝，不仅能够得到均匀的 CuS 纳米花，而且 CuS 与纤维的结合力也比较强。

FT-IR 用于进一步确定此复合材料的结构和组成，如图 5-13 所示，1072.28cm^{-1}处的特征峰是由于 S═O 和 C—C 的伸缩振动引起的，1359.91cm^{-1}和 1450.46cm^{-1}的峰分别是 CH_3和 CH_2的弹性振动引起的，1730.24cm^{-1}处的峰是C═O 的伸缩振动，而 2241.64cm^{-1}和 2934.24cm^{-1}的峰型分别是C≡N和 CH_3 中C—H的振动；而且 612.71cm^{-1}的峰为 Cu—S 振动峰。

XPS 分析用于研究产物中元素的化学态。图 5-14（a）的宽扫图谱进一步证明了 PAN-CuS 中各元素的存在，与 EDX 结果一致。其中 Cu 和 S 的来源于 CuS，C、N、O 来自于静电纺丝中的碳纤维和其他有机溶剂。图 5-14（b）中 Cu 元素在 2p 区的

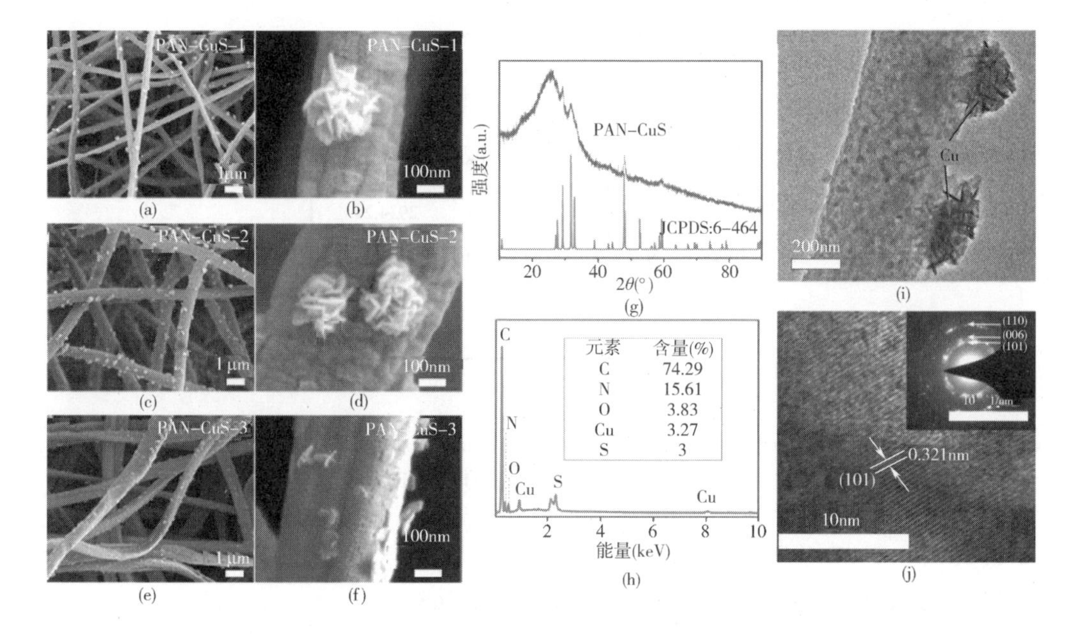

图 5-11　PAN-CuS 样品的形貌、物相和组分分析

（a）～（f）不同的 PAN-CuS 样品的 SEM 图；（a）～（b）PAN-CuS-1；（c）～（d）PAN-CuS-2；
（e）～（f）PAN-CuS-3；（g）PAN-CuS-2 的 XRD 图；（h）PAN-CuS-2 的 EDX 图；
（i）PAN-CuS-2 的 TEM 图；（j）PAN-CuS-2 的 HRTEM 图（插图为 SAED 图）

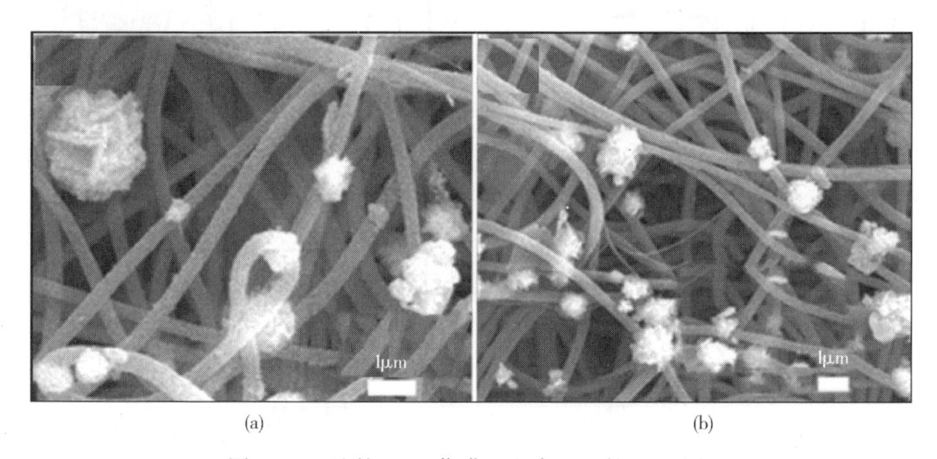

图 5-12　纯的 PAN 薄膜上生成 CuS 的 SEM 图

（a）纯的 PAN 薄膜上生成 CuS 的高放大倍数下的 SEM 图；
（b）纯的 PAN 薄膜上生成 CuS 的低放大倍数下的 SEM 图

XPS 谱图显示出 Cu 的峰值为典型的 Cu $2p_{3/2}$（932.30eV）和 Cu $2p_{1/2}$（952.80eV）结合能。图 5-14（c）表示 CuS 中的 S 2p 的 XPS 图，出现在键能为 162.5eV 处和 163.2eV 处。同时，以 285eV 为中心的 C 峰可分为 C—C（284.6eV）、C—O

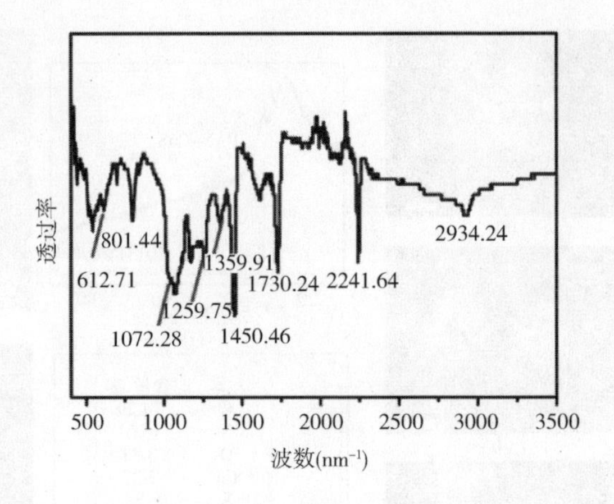

图 5-13 PAN-CuS-2 的 FT-IR 图

(285.6eV)、O—C ═O (289eV) 三个键 [图 5-14 (d)]，表明羧基碳的存在。XPS 图谱进一步证实了得到的产物是碳纤维和纯相的 CuS。

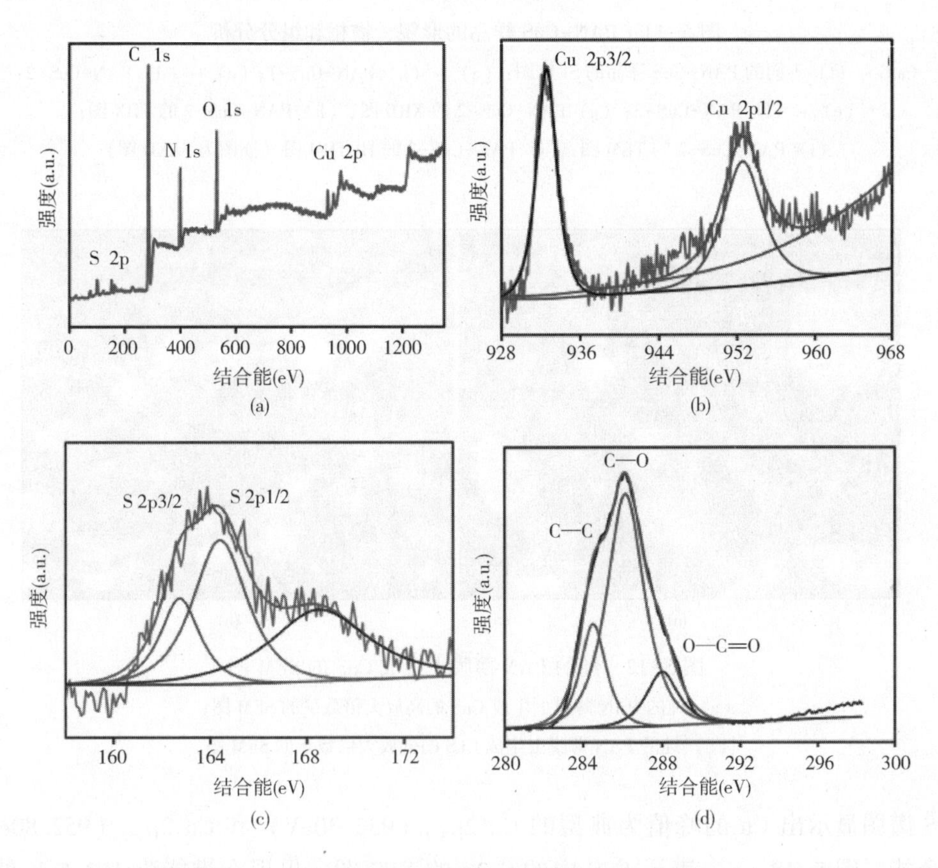

图 5-14 PAN-CuS-2 的 XPS 图

(a) 全谱图；(b) Cu；(c) S；(d) c

5.2.3.2　样品的催化性能

笔者将制备出的样品用作光催化剂，用于降解 MB 和 RB 有机分子。测试的样品有纯的 PAN 薄膜、PAN-Cu^{2+}薄膜和 PAN-CuS 薄膜。所有的降解实验均在紫外光照射下进行。图 5-15（a）中的紫外可见吸收光谱显示在 664nm 处的峰强随着时间的延长逐渐减弱，说明了 MB 不断被降解。如图 5-15（a）所示，经过 15min、30min、45min、50min 的降解，样品 PAN-CuS-2 对 MB 水溶液的降解率分别为 46.2%、80.7%、93.6%和 97.1%，这种优异的催化性能主要归因于 PAN-CuS-2 独特的分等级异质结构，半导体 CuS 的花状结构具有丰富的活性位点，PAN 作为基底具有高的孔隙度，纳米薄膜能够提供大的比表面积，且 CuS 花和 PAN 纤维之间具有较强的结合力，当加入 H_2O_2 时，光电子被消耗，从而阻止光子电子与空穴重新结合，提高了量子效率，使有机染料 MB 快速地分解。

图 5-15（b）为不同 Cu^{2+} 含量下的降解活性，对于 PAN-CuS-1 来说，在 15min、30min、45min、50min 中降解率分别为 37.6%、77.0%、92.4%、94.6%；对于 PAN-CuS-3，在 15min、30min、45min 和 50min 内降解率分别为 57.9%、86.1%、94.6%和 96.7%，可以看出随着 Cu^{2+} 的增加，降解时间越短，体现了 CuS 对 MB 降解的重要作用。为了进一步研究降解动力学，我们计算出 PAN-CuS-1、PAN-CuS-2、PAN-CuS-3 降解 MB 的一级反应速率常数，分别为 0.07032min^{-1}，0.08035min^{-1}，0.07099min^{-1}。一级反应速率公式为 $\ln(C_0/C_t) = kt$，其中 C_0为降解之前的 MB 浓度，C_t为降解时间为 t 时的 MB 的浓度，k 为反应速率常数，计算得到的一级反应速率常数图 5-15（c）所示。从计算结果可以明显地看出，PAN-CuS-2 的降解率高于其他样品，与 SEM 结果吻合，PAN-CuS-2 样品中的 CuS 花的量最多，说明花状结构越多，反应速率越快。图 5-15（d）系统表示不同样品在相同时间（30min）下降解 MB 的效果，样品分别为不加活性材料（只加入 H_2O_2）、纯 PAN 薄膜、PAN-Cu^{2+}薄膜和 PAN-CuS 薄膜。当只加入催化剂 H_2O_2，MB 的降解率仅为 17%。纯 PAN 薄膜因其具有吸附能力因此对 MB 也有一定的效果（45%），但是纯 PAN 薄膜在吸附一次后薄膜结构被破坏了，不能重复利用。PAN-Cu^{2+} 和 PAN-CuS 的降解率分别是 70%和 83%，这表明利用原位硫化的方法合成材料降解效果具有明显的提高。如图 5-15（e）所示，我们还通过绘制 C_t/C_0与时间的函数来表示 MB 的降解活性。

基于以上的结果，总结出合成的材料具有优异的催化性能的原因。首先，由纳米片组装的 CuS 花状结构不仅允许更多的活性表面接受入射光，而且具有更活跃的催化位点，因此具有良好的光催化性能；其次，通过静电纺丝将 Cu 盐纺入 PAN 中，以及随后的原位硫化方法，使 CuS 与 PAN 纤维之间的结合力增强，这对抑制电子空穴复合更有效；最后，CuS 与 PAN 纤维的附着力强，材料微观结构稳定有利于重复

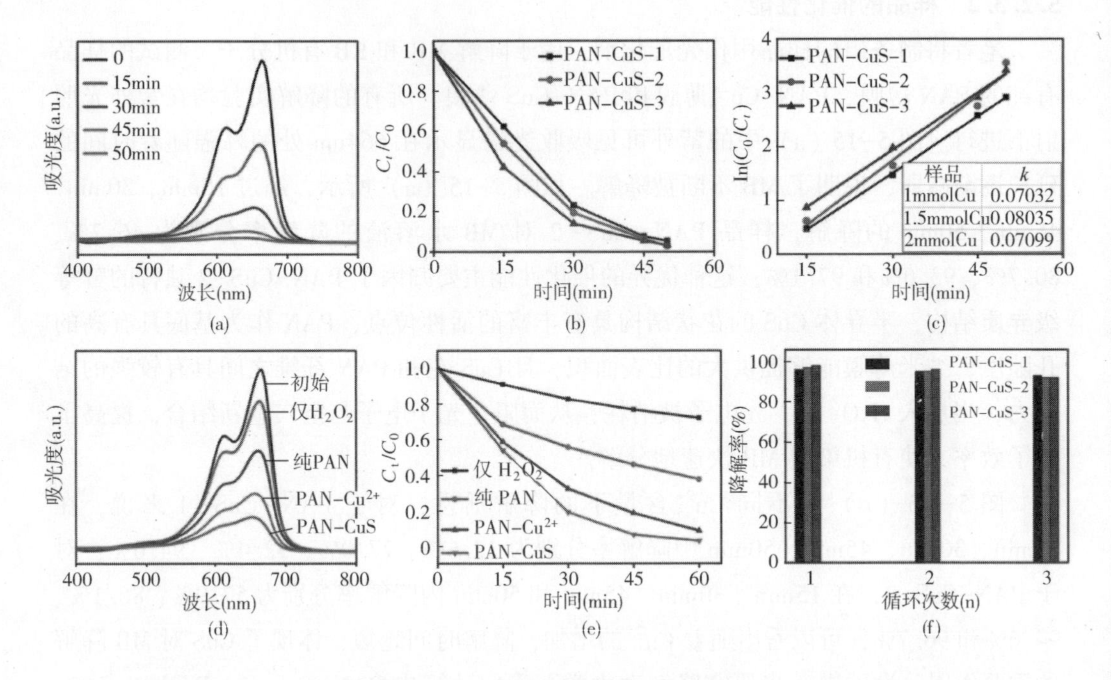

图 5-15　样品催化降解性能分析

（a）PAN-CuS-2 降解 MB 的紫外吸收光谱；（b）不同 Cu^{2+} 量合成材料的 MB 降解速率；

（c）降解 MB 的动力学研究，插图为样品的一阶反应速率常数；（d）相同时间（30min）下

不同样品降解 MB 的紫外分光吸收光谱；（e）不同样品的 MB 降解率；（f）降解率与循环次数对比

回收利用，因为 CuS 不易从表面脱落。

5.2.3.3　样品的重复利用性能

在实际应用中，催化剂的可回收性以及光催化活性保持能力是其长期使用的关键。因此，有两个因素需要考虑：

（1）催化剂保持其高活性至关重要。众所周知，在光催化反应过程中，光催化剂的表面会发生光腐蚀或光溶解。为了测试 PAN-CuS 薄膜降解 MB 的稳定性，对其进行了三次循环降解实验，每次循环都在相同的条件下进行，如图 5-15（f）所示，经过三次循环降解率仍能达到 94%以上。

（2）考虑催化剂与溶液分离的难易程度。在本实验中，制备出样品为纤维薄膜，可以直接从 MB 水溶液取出，非常方便。

为了研究制备出的 PAN-CuS 光催化材料的通用性，笔者还将其用于对罗丹明 B（RB）染料的降解。结果如图 5-16（a）所示，在 10min、20min、30min 和 40min 下的降解率分别为 53.7%，86.1%，93.9%和 98.4%，说明 PAN-CuS 具有优异的降解活性和普适性。在上述结果的基础上，对 PAN-CuS 光催化材料的降解染料的机理

进行了讨论，可以归结为当有大量的 CuS 和 H_2O_2 存在时，会生成大量的羟基自由基，羟基自由基依次与 MB 或 RB 等反应，将有机物大分子氧化成小分子（CO_2 和 H_2O），具体的反应如下，图 5-16（b）进一步描述了染料降解的反应机理。

$$H_2O_2 \xrightarrow{CuS} \cdot OH \tag{5-4}$$

$$RH + \cdot OH \longrightarrow R \cdot + H_2O \text{（RH 代表有机大分子如 RB）} \tag{5-5}$$

材料的催化性能与产生的羟基自由基的量有很大的关系，当 CuS 和 H_2O_2 共同存在时，光生电子会与 H_2O_2 结合而被消耗，避免了光生电子与空穴的复合，能够提高材料的催化性能。

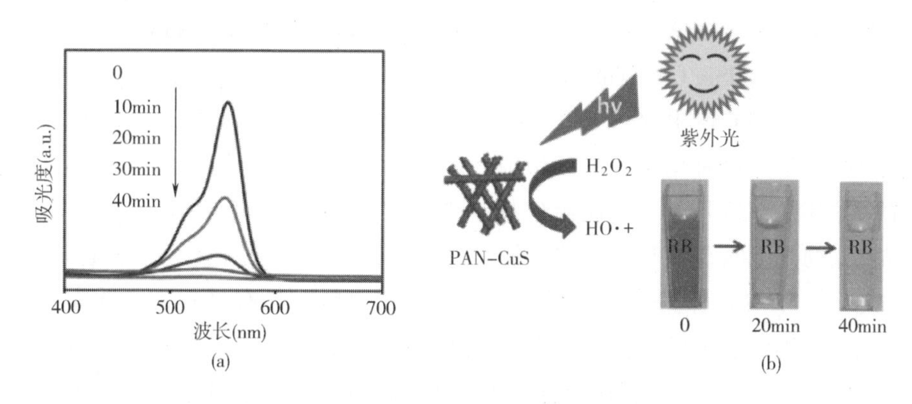

图 5-16　PAN-CuS 异质结构材料降解 RB

（a）降解 RB 的紫外分光吸收光谱；（b）PAN-CuS 异质结构降解 RB 的机理

5.2.4　结论

通过静电纺丝技术制备出柔性的含有 Cu^{2+} 的 PAN 纤维，以此为结构支撑，通过简单的原位硫化法，成功制备了 PAN-CuS 分等级异质结构材料，这种独特的结构具有丰富的活性位点、可控的形貌、优良的电荷分离特性，将其作为光催化剂，在紫外光照射下对 MB 和 RB 的分解表现出较强的光催化活性。此外，PAN-CuS 分等级异质结构具有良好柔韧性可以在不降低光催化活性的情况下方便回收利用。对比实验表明，PAN-CuS-2 具有最强的降解效果，突出了由纳米薄片组装而成的 CuS 纳米花的作用。因此利用静电纺丝纤维作为柔性模板来设计和控制制备无机材料分等级异质结构不仅是一个简单易操作、低成本的方法，而且还将极大地促进其在消除有机污染物废水方面的实际应用。

5.3 Cu_2S 纳米晶体至 CuS 纳米晶体的一步转化法及其光催化性能研究

5.3.1 引言

作为一种重要的半导体功能性材料，金属硫化物由于其多样的结构类型和卓越的光电性能近些年来引起了广泛的关注及研究。这些特点使得金属硫化物半导体的基础理论研究具有重要意义，和其在多个领域的潜在应用。迄今为止，已合成各种金属硫化物，并对其应用进行探索，例如，NiS_2、Co_9S_8、CoS_2、SnS_2和 MoS_2因具有良好的电催化性能，被认为是染料敏化太阳能电池理想的对电极材料。CdS 量子点、Mn/ZnS 量子点、CdSe/CdS/ZnS 纳米棒和 CuS 纳米颗粒被应用于生物医学领域，还有些金属硫化物如 CoS_x和 ZnS 被广泛用于电化学储能方面。此外，金属硫化物最显著的一个特点是其具有相对较窄的带隙，这确保了大多数金属硫化物都能直接利用可见光。尤其是在近几年，金属硫化物基光催化剂（CuS、ZnS、CdS 等）由于其由于具有较宽的光吸收范围和良好的光催化性能，被广泛地应用于污水处理领域。

Cu_xS（$x=1\sim2$）作为一种典型的 P 型半导体材料，具有易制备、低成本、低毒性和高稳定性等优点，已被开发成为一种新型的光催化剂。Cu_xS 较窄的带隙（1.2~2.2eV）主要取决于其晶态，这使它在可见光吸收窗口能够有效地捕获光子，因此具有优异的光吸附和光催化性能。目前已经合成了具有不同形貌和多重组分的 Cu_xS 纳米材料，包括 $Cu_{1.75}S$ 纳米颗粒、Cu_2S 纳米线、Cu_xS 纳米棒、CuS 纳米片、CuS 纳米花等，常用的制备方法有湿化学合成法、溶剂热法、微波法及模板法。近年来有大量关于控制材料合成来优化材料性能的报道，如，通过改变金属源的类型，制备出多种形态的 CuS，其中花状结构的 CuS 表现出最优的电化学性能，还有一些研究，通过控制纳米材料晶相的转变来探索相变性质，这些研究表明材料的组成和结构与材料内在性能密切相关。虽然目前对 Cu_xS 纳米材料的性能已经有了深入而详细的研究，但在探索材料成分对性能的影响，而排除材料结构差异影响的研究方面还存在很大的不足。

在本部分，笔者通过一步法实现从 Cu_2S 纳米晶到 CuS 纳米晶的转变，此反应过程为一个简单、可控、易操作的溶剂热硫化过程。通过简单的一步溶剂热法，制备出的 Cu_2S 纳米结构由许多超薄的纳米片为基本结构单元构筑而成，这种三维分等级的纳米结构赋予 Cu_2S 纳米晶较大的比表面积和丰富的活性位点，可有效地提升纳米材料的内在性能。有趣的是，在二次溶剂热硫化过程中，转变后的 CuS 晶相完全地复制 Cu_2S 的结构，这在研究 Cu_2S 与 CuS 组分差异对性能的影响时，排除了材料结构与尺寸差异的影响。通过不同 pH 下，有机染料（亚甲基蓝 MB）降解实验和

Cr（Ⅵ）还原实验来研究 Cu_2S 和 CuS 的光催化性能。实验结果显示，Cu_2S@CT（碳管）复合材料和 CuS@CT 复合材料作为光催化剂时，在合适的反应条件下均展现出优异的光催化性能。其中，在酸性环境下（pH = 2），有利于 Cr（Ⅵ）的还原。由于 Cu（Ⅰ）的还原性比 Cu（Ⅱ）强，故 Cu_2S@CT 表现出较强的 Cr（Ⅵ）还原能力。在碱性环境下（pH = 10），有利于 MB 的降解，而由于 Cu（Ⅱ）的氧化性比 Cu（Ⅰ）强，故 CuS@CT 表现出较强的对 MB 的降解能力。

5.3.2 实验部分

5.3.2.1 灯芯草的前处理

清洗：将灯芯草裁剪成 3～5cm 的小段后置于烧杯中，加入 75%乙醇没过灯芯草，超声 0.5h，除去灯芯草中的杂质，倒掉乙醇溶液，将灯芯草置于 60 ℃烘箱中干燥 24h，备用。

炭化：取适量的灯芯草放置于瓷舟中，用管式炉进行煅烧碳化处理，密封管式炉后，通 Ar 气 1h，彻底排出管中的空气后，以 5℃/min 的升温速率加热至 700 ℃，保温 2h，自然降温至室温，保存备用。

5.3.2.2 三维分等级 Cu_2S@CT 纳米结构的制备

三维分等级 Cu_2S@CT 纳米结构是通过简单的一步溶剂热法制备得到，称取 0.15g 聚乙烯吡咯烷酮（PVP）置于烧杯中，加入 20mL 无水乙醇，搅拌至 PVP 完全溶解，将 0.3g 二水合氯化铜和 0.24g 硫脲加入溶液中，搅拌 1h，将充分搅拌均匀的混合溶液转移至 30mL 的反应釜中，加入炭化后的灯芯草 10mg。将反应釜置于 180℃烘箱中保温 6h，反应结束后自然降温至室温，收集反应后的灯芯草，分别用蒸馏水和 75%乙醇清洗多次后，放置于 60 ℃烘箱中干燥 12h，称重，增重约为 7mg。

5.3.2.3 三维分等级 CuS@CT 纳米结构的制备

三维分等级 CuS@CT 纳米结构是由 Cu_2S@CT 二次硫化反应得到，称取 0.24g 硫脲于烧杯中，加入 20mL 无水乙醇，充分搅拌溶解后，将溶液转移至 30mL 反应釜中，将 5.3.2.2 中已制备的 Cu_2S@CT 加入反应釜中，置于 180 ℃烘箱中保温 4h，反应结束后自然降温至室温，收集反应后的灯芯草，用蒸馏水和酒精清洗后，干燥，称重，二次硫化后质量几乎不变。

5.3.3 结果与讨论

5.3.3.1 生物碳管的物相表征

在本部分，选用炭化处理后具有三维结构的碳管为水热法制备纳米材料的基底。如图 5-17（a）所示为去皮后的灯芯草图片，经过高温炭化处理后得到图 5-17（b）中黑色的生物质碳管。如图 5-17（a）和图 5-17（b）中灯芯草的 SEM 图所示，灯芯草由相互交织的三维分等级中空管状骨架构成，这种特殊形貌赋予灯芯草相对较大的比表面积，有利于纳米材料的附着与分散，此外，灯芯草作为基底材料最大的优势是有利于功能性复合材料的回收及循环利用。作为一种理想的基底材料，结构与组成的稳定性是至关重要的，因此，对灯芯草进行高温炭化处理以除去其中不稳定的有机—无机成分。如图 5-17（c）、（d）中的 SEM 图像所示，在 500 ℃下，炭化后得到的生物质碳管依然保持着灯芯草原有的三维交织中空管状结构。碳管的 XRD 图［图 5-17（e）］显示，有一处较宽的衍射峰位于 $2\theta=28°$处，与碳的标准卡片（JCPDS No. 26-1076）相对应，表明生物质碳管的主要成分为碳。

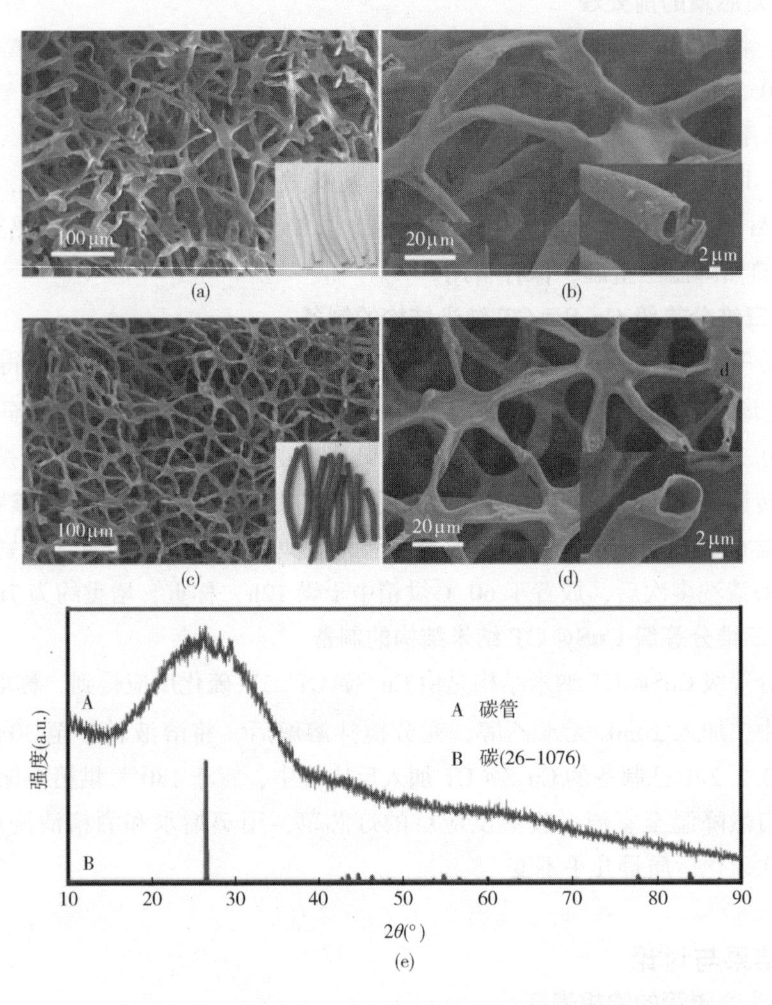

图 5-17　灯芯草及其炭化物的形貌与物相分析

（a）、（b）灯芯草在不同放大倍率下的 SEM 图；

（c）、（d）碳管不同放大倍率下的 SEM 图；（e）碳管的 XRD 图

5.3.3.2　Cu_2S@CT 复合材料的物相表征

以生物碳管为基底材料，采用简单的一步溶剂热法制备了沉积在碳管上的三维分层 Cu_2S 纳米团簇。由图 5-18（a）的低倍率 SEM 图像可以看出 Cu_2S 纳米材料的负载量很高，图 5-18（b）的 SEM 图像显示，相同大小的 Cu_2S 纳米花均匀地分散在碳管上。此外，Cu_2S@CT 复合材料的高分辨率 SEM 图像［图 5-18（b）］显示，Cu_2S 纳米晶为若干超薄纳米片为基本结构单元构筑而成，这种特殊的三维分等级纳米结构赋予 Cu_2S 充足的反应活性位点，有效地提高其内在性能。EDS 线性扫描图谱［图 5-18（c）］和 Mapping 图［图 5-18（d）］清晰地显示出 Cu 和 S 元素在 Cu_2S 纳

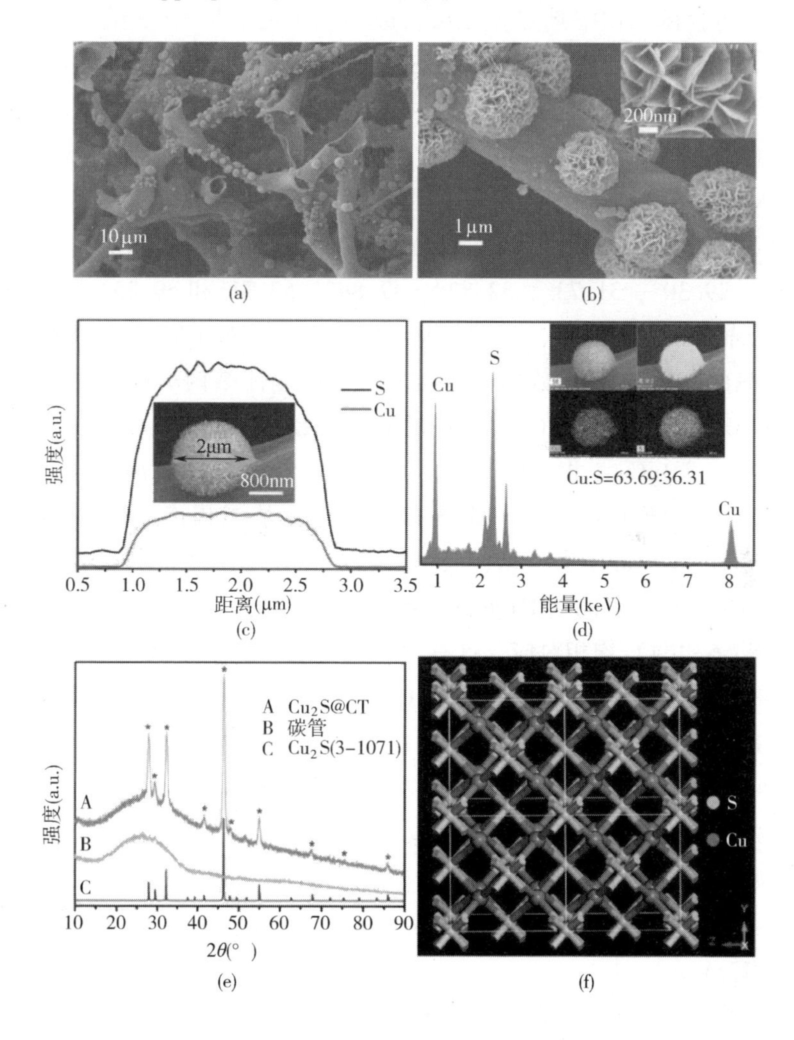

图 5-18　Cu_2S@CT 复合材料表征

（a）、（b）及插图为复合材料的低分辨率 SEM 图和高分辨率 SEM 图；（c）Cu 和 S 元素分布的线性扫描图；（d）EDS 图谱及 Mapping 图（插图）；（e）XRD 图；（f）模拟晶体结构示意图

米晶中分布十分均匀。图5-18（d）的EDS数据表明Cu_2S纳米晶中仅有两种元素，分别为Cu和S，且Cu和S的原子含量比为63.69∶36.31。如Cu_2S@CT复合材料的XRD图谱［图5-18（e）］所示，在$2\theta = 28°$处的较宽衍射峰为碳管中碳峰，其他峰型尖锐的衍射峰与Cu_2S的标准卡片（JCPDS No.3-1071）完全对应。图5-18（f）为Cu_2S的模拟晶体结构，Cu_2S在立方体系中结晶，每个Cu原子与四个S原子相连，每个S原子与八个Cu原子成键。

5.3.3.3 CuS@CT复合材料的物相表征

为了在研究材料成分差异对性能影响的研究中，排除形貌差异的影响，我们通过一种简单可控的二次溶剂热硫化法，成功地实现了从Cu_2S纳米晶向CuS纳米晶的转变。如图5-19（a）～（c）的SEM图片所示，CuS纳米晶完全复制Cu_2S纳米晶的形貌。CuS纳米晶的EDS线性扫描图谱［图5-19（e）］和Mapping图［图5-19（f）］清晰地反映出Cu和S元素在CuS中的分布。CuS的EDS能谱［图5-19（d）］显示，Cu与S元素原子比为54.32∶45.68。图5-19（g）为CuS@CT复合材料的XRD图，所有衍射峰均对应于CuS的标准卡片（JCPSD No.6-464），$2\theta = 27.69°$、29.30°、31.73°、32.82°、47.89°、52.71°和59.35°位置的衍射峰分别对应于六方晶相的（1 0 1）、（1 0 2）、（1 0 3）、（0 0 6）、（1 1 0）、（1 0 8）和（1 1 6）晶面。通过XRD数据模拟出来的CuS晶体结构示意图［图5-19（h）］清晰地显示，CuS是由2/3的Cu^+，1/3的Cu^{2+}，1/2的S^{2-}和1/2的S_2^{2-}组成，其化学式可写成Cu（Ⅰ）$_2$Cu（Ⅱ）（S_2）S。其中，每个Cu（Ⅰ）离子与三个S原子成键，每个Cu（Ⅱ）离子与一个S原子和三个过硫基团相连，每个S原子与三个Cu（Ⅰ）离子和两个Cu（Ⅱ）离子成键，每个过硫基团连接六个Cu（Ⅱ）离子。由CuS晶体结构模拟出来的XRD曲线与相转变得到的CuS纳米晶及CuS的标准卡片（JCPDS No.6-464）均相对应，这有力地证明了从Cu_2S到CuS相转变的成功。

漫反射光谱被用于判断Cu_2S@CT和CuS@CT复合材料的光学性能，通过Kubelka-Munk公式可绘制出$[F(R)h\nu]^n$ *vs.* $h\nu$图，其中n为2或1/2分别对应于样品直接带隙和间接带隙的计算。如图5-20（a）所示为Cu_2S@CT和CuS@CT复合材料的漫反射光谱曲线，由于较强的吸收能力，漫反射曲线在波长为550nm处出现下降的趋势。如图5-20（b）、（c）所示，Cu_2S@CT复合材料的直接带隙值和间接带隙值分别2.46eV和1.31eV，CuS@CT复合材料的直接带隙值和间接带隙值分别2.35eV和1.12eV。

为了进一步了解光催化剂的价带结构，在测试条件为0.2 mol/L Na_2SO_4作为电解液，pH=7下进行了Mott-Schottky测试。如图5-21（a）、（b）所示，Cu_2S@CT和CuS@CT复合材料的线性曲线斜率为负值，表明Cu_2S@CT和CuS@CT复合材料均为P型半导体，平带电势值（E_{fb}）分别为0.28eV和0.39eV。测试得到的平带电势

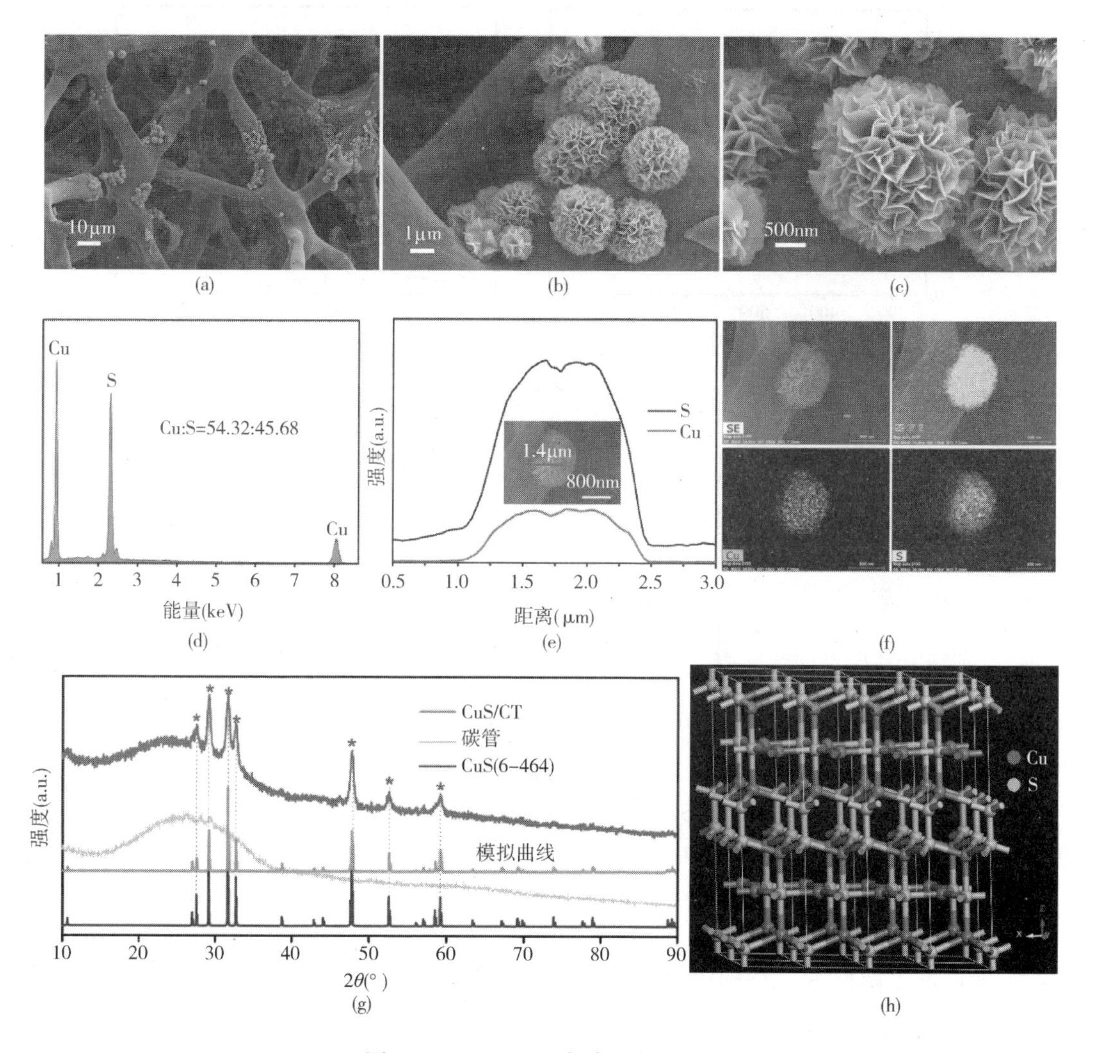

图 5-19 CuS@ CT 复合材料的表征

(a)、(b) 和 (c) SEM 图;(d) EDS 能谱;(e) Cu 和 S 元素分布线性扫描谱图;(f) Mapping 图;(g) XRD 图和 CuS 拟合 XRD 曲线;(h) 拟合晶体结构示意图

值可通过 $E_{RHE} = E_{Ag/Cl} + 0.05916pH + E^0_{Ag/Cl}$ 转换成可逆氢电极电势,当 pH = 7 时,$E^0_{Ag/Cl} = 0.1976$ V(25℃),$E_{Ag/Cl}$为测试值,Cu_2S@ CT 和 CuS@ CT 复合材料转换后的 E_{fb}分别为 0.892eV 和 1.002eV。对于 N 型半导体来说,E_{CB}与 E_{fb}相近,而对于 P 型半导体,则是 E_{VB}与 E_{fb}相近。因此,Cu_2S@ CT 和 CuS@ CT 复合材料的 E_{fb}值可近似看作 E_{VB}值,随后,通过 $E_g = E_{VB} - E_{CB}$计算出样品的导带值(CB)。根据测得的间接带隙值,可计算出 Cu_2S@ CT 和 CuS@ CT 复合材料的导带值分别为-0.418eV 和-0.118eV。图 5-21(c)为 Cu_2S@ CT 和 CuS@ CT 复合材料的价带分布图。

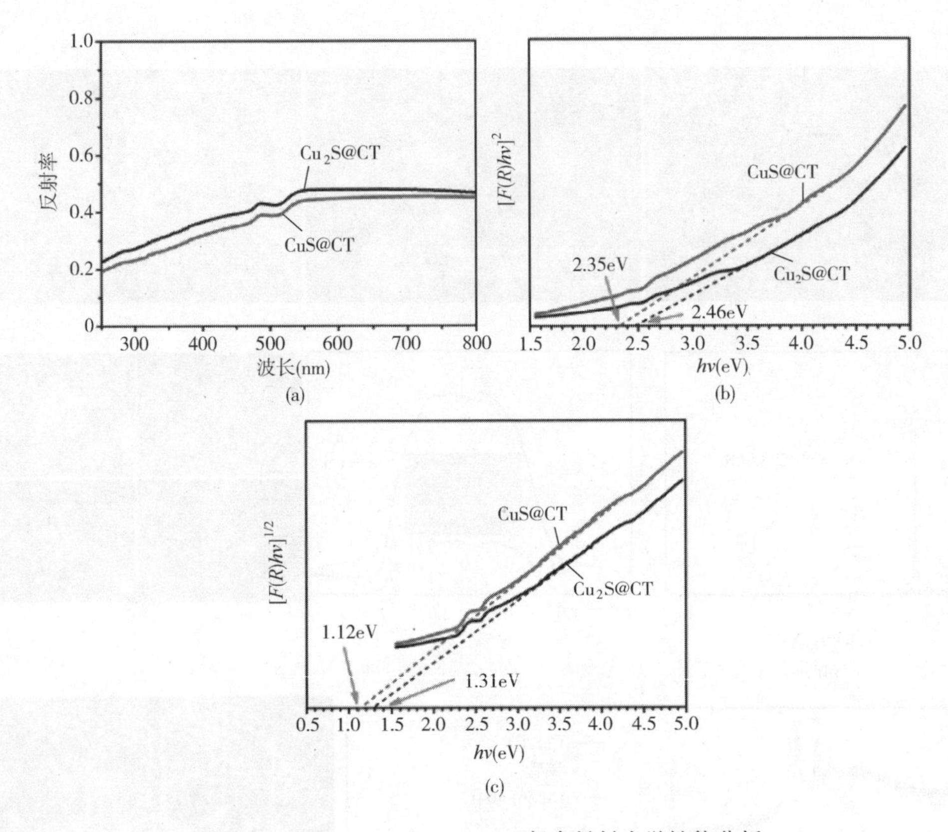

图 5-20　Cu_2S@ CT 和 CuS@ CT 复合材料光学性能分析

（a）Cu_2S@ CT 和 CuS@ CT 复合材料的 UV-vis 漫反射光谱；（b）直接带隙值；（c）间接带隙值

5.3.3.4　Cr（VI）还原实验

在可见光照射下，分别以 Cu_2S@ CT 和 CuS@ CT 复合材料为光催化剂，对不同初始 pH 下的 Cr（VI）溶液进行了光催化还原实验。如图 5-22（a）~（f），利用紫外可见吸收光谱研究了 Cu_2S@ CT 和 CuS@ CT 复合材料的光催化性能。图 5-22（g）为 Cu_2S@ CT 和 CuS@ CT 复合材料为光催化剂时，在不同初始 pH 下还原 Cr（VI）的 C/C_0与照射时间 t 的曲线图（其中，C_0为 Cr（VI）溶液的初始浓度，C 为某一照射时间下 Cr（VI）溶液的平衡浓度），数据表明在酸性条件下，Cu_2S@ CT 和 CuS@ CT 光催化剂均展现出优异的还原能力。连续可见光下照射 50min 后，初始溶液 pH 分别为 2、7、10 时，Cu_2S@ CT 催化剂对 Cr（VI）的还原率分别为 97.50%、19.24%和 2.50%。而对于 CuS@ CT 催化剂，在相同条件下，80min 的可见光照射对 Cr（VI）的还原率分别达到 95.24%、19.35%和 3.12%时。

分析实验数据发现，初始溶液的 pH 是影响 Cr（VI）还原动力学的重要参数之一。在较低的 pH 下，Cr（VI）以 $HCrO_4^-$的形式存在，而当 pH 增大时，Cr（VI）

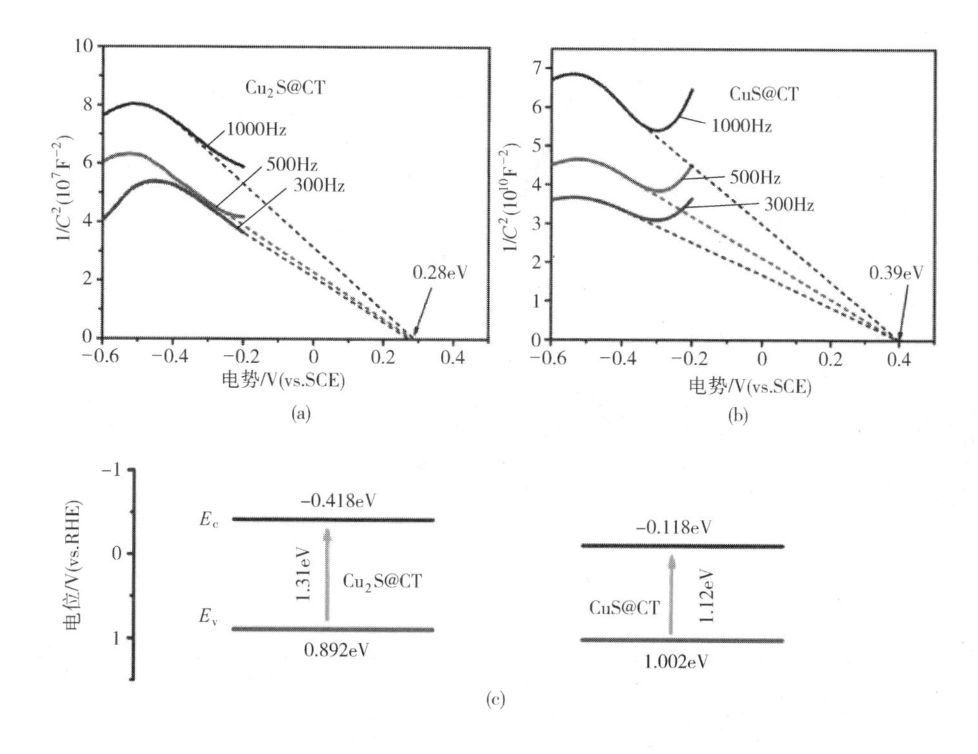

图 5-21　样品的 Mott-Schottky 曲线

（a）Cu_2S@ CT；（b）CuS@ CT；（c）价带和导带分布图

的主要存在形式由 $HCrO_4^-$转变成 CrO_4^{2-}。同时，在 pH 较低时，催化剂的表面被 H^+高度质子化而表现出正电性，有利于吸附 $HCrO_4^-$，而随着 pH 的增大，H^+浓度的减小将削弱对催化剂表面的质子化，当 pH 大于 7 时，催化剂表面带负电。因此，在低 pH 下，被质子化的催化剂由于较强静电作用，容易吸附带负电荷的部分，从而增加了 Cr（VI）的光催化还原速率，其还原反应过程可以描述为：

$$\text{Catalysts}+\text{hv} \longrightarrow e^- + h^+ \tag{5-6}$$

$$Cr_2O_7^{2-}+H^+ \longrightarrow 2\ HCrO_4^- + H_2O \tag{5-7}$$

$$HCrO_4^- + 7\ H^+ + 3\ e^- \longrightarrow Cr^{3+} + 4\ H_2O \tag{5-8}$$

$$2H_2O+4h^+ \longrightarrow O_2 + H^+ \tag{5-9}$$

由上面的方程式可知，H^+浓度对 Cr（VI）还原速率具有重要影响，且 Cr（VI）还原过程为一个消耗 H^+的过程。另外，在较高的 pH 下，由于 H^+的不足和静电排斥作用，使得催化剂的还原活性随着 OH^-浓度的增大而降低。

图 5-22（h）为不同条件下，可见光照射 50min 时 Cr（VI）的去除率。在初始溶液 pH 分别为 2、7、10 时，CuS@ CT 催化剂对 Cr（VI）的去除率分别为 78.57%、

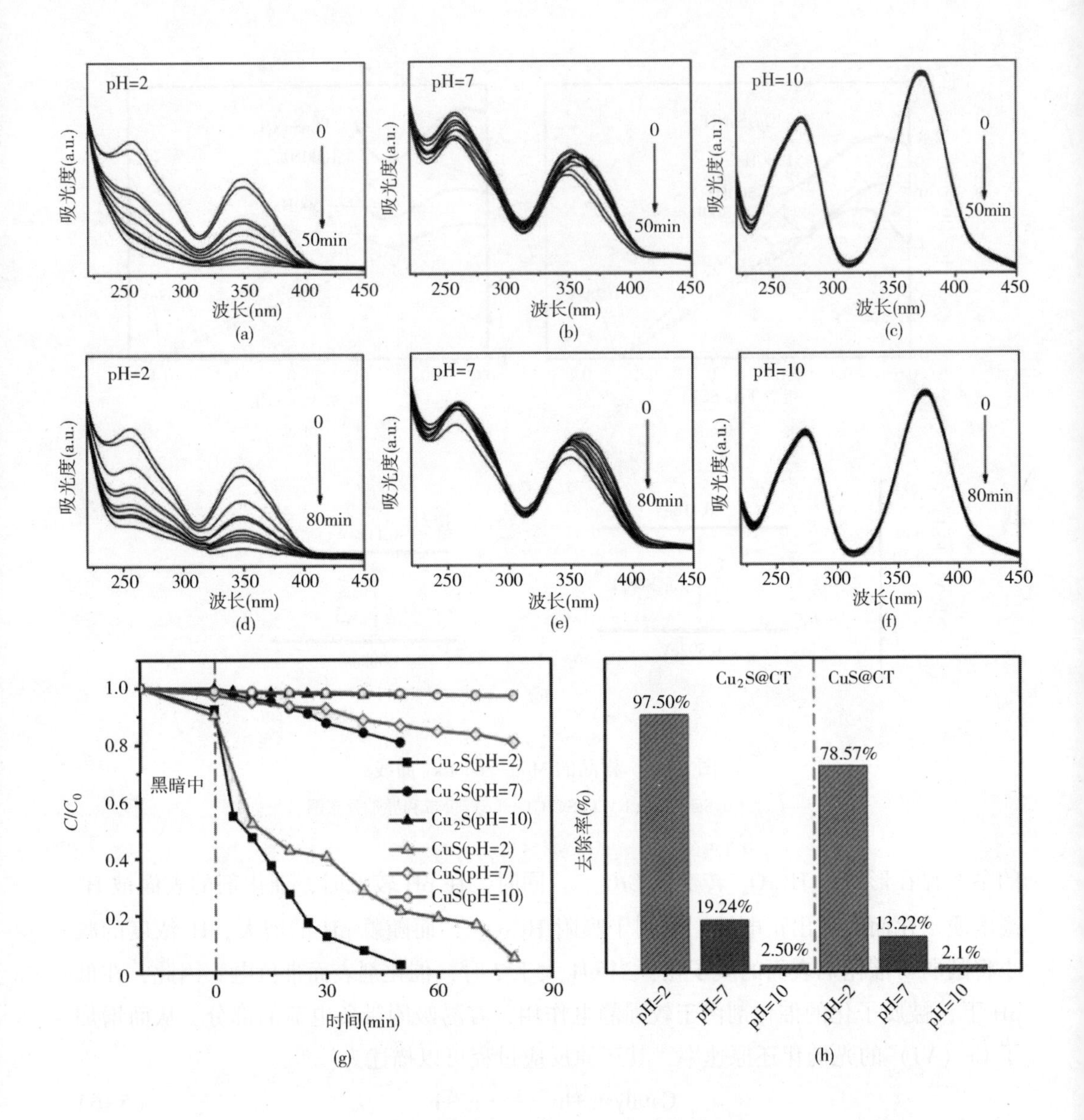

图 5-22 可见光下催化还原 50mg/L Cr（VI）

（a）、（b）、（c）Cu_2S@ CT 复合材料；（d）、（e）、（f）CuS@ CT 复合材料做光催化剂；（g）还原率与照射时间相关曲线；（h）照射时间为 50min 时 Cr（VI）的去除百分率

13.22%和 2.1%。结果表明，在相同的还原条件下，Cu_2S@ CT 复合材料为催化剂还原 Cr（VI）的活性优于 CuS@ CT 催化剂。尤其是在 pH = 2 时，可见光照 50min 后，Cu_2S@ CT 催化剂还原 Cr（VI）的残留率仅为 CuS@ CT 催化剂的 1/9 左右。Cu_2S@ CT 和 CuS@ CT 光催化剂还原能力的差异主要归因于材料组分的不同。Cu_2S 纳米晶体中的 Cu（I）离子倾向于为还原反应过程提供电子，具有比 Cu（II）更强的还原

性，而 CuS 纳米晶体是由 2/3 Cu（I）和 1/3 Cu（II）组成的，因此，Cu_2S 的还原能力比 CuS 强。从还原反应机理方面分析，Cu_2S@ CT 复合材料的 E_{CB}（-0.418eV）较 CuS@ CT 复合材料的 E_{CB}（-0.118eV）负，因此，Cu_2S@ CT 光催化剂更易于还原 Cr（VI）。

5.3.3.5　MB 降解实验

采用 MB 染料降解法对 Cu_2S@ CT 和 CuS@ CT 复合材料进行光催化性能评估，加入少量 H_2O_2 作为氧化剂，在可见光照射下进行不同初始 pH 下的 MB 光催化降解实验。利用紫外—可见吸收光谱研究了 Cu_2S@ CT 和 CuS@ CT 催化剂的光催化性能［图 5-23（a）~（f）］。图 5-23（g）为以 Cu_2S@ CT 和 CuS@ CT 复合材料为催化剂，降解不同初始 pH 下，MB 溶液的 C/C_0与照射时间 t 相关曲线图。结果表明，在碱性条件下（pH=10），Cu_2S@ CT 和 CuS@ CT 催化剂的暗吸附性能和光催化降解性能都更为理想。暗吸附一个小时后，Cu_2S@ CT 催化剂在初始 pH 分别为 2、7、10 时对 MB 的吸附率分别为 7.14%、11.90%和 34.44%，CuS@ CT 复合材料为催化剂，在初始 pH 分别为 2、7、10 时对 MB 的吸附率分别为 8.82%、8.33%和 31.55%。此外，可见光照射 70min 后，Cu_2S@ CT 复合材料为光催化剂，在初始 pH 分别为 2、7、10 时对 MB 的降解率分别为 17.86%、23.21%和 91.67%。可见光照射 40min 后，CuS@ CT 复合材料为光催化剂在初始 pH 分别为 2、7、10 时对 MB 的去除率分别为 12.94%、16.07%和 94.64%［图 5-23（a）~（f）］。

光催化实验数据表明，Cu_2S@ CT 和 CuS@ CT 催化剂的暗吸附能力和光催化降解性能与初始溶液的 pH 密切相关。在 pH=2 时，催化剂表面因被浓度较高的 H^+质子化而呈现出正电性，MB 染料为正离子型染料，因此，高度质子化的催化剂与正电型的染料分子间极强的静电斥力将阻碍催化剂对 MB 染料分子的吸附与降解，换句话说，低 pH 下，催化剂对 MB 的吸附活性和降解活性大大降低。而当 pH = 10 时，Cu_2S@ CT 和 CuS@ CT 催化剂的吸附能力和降解性能急剧增加，这是由于高浓度 OH^-会消除催化剂质子化现象，使得催化剂表面带更多的负电荷，这样一来，负电型的催化剂与正电型的 MB 染料分子之间因较强的静电引力作用将显著提升催化剂的吸附和光催化降解能力。

如图 5-23（g）所示，在 pH=10 时，Cu_2S@ CT 和 CuS@ CT 催化剂在暗吸附一小时后对 MB 的吸附百分率非常接近。这主要是由于 Cu_2S 和 CuS 纳米材料具有相似的形貌，反应的活性位点和比表面积几乎相同，从而导致 Cu_2S@ CT 和 CuS@ CT 催化剂吸附性能接近。图 5-23（h）为不同条件下，可见光照射 40min 时，MB 溶液的去除百分率。Cu_2S@ CT 复合材料为光催化剂在初始 pH 分别为 2、7、10 时对 MB 的去除百分率分别为 15.99%、17.30%和 81.67%。在 pH = 10 时，CuS@ CT 复合材料作为光催化剂对 MB 的去除率高于 Cu_2S@ CT 光催化剂，这种光催化降解性能的差异

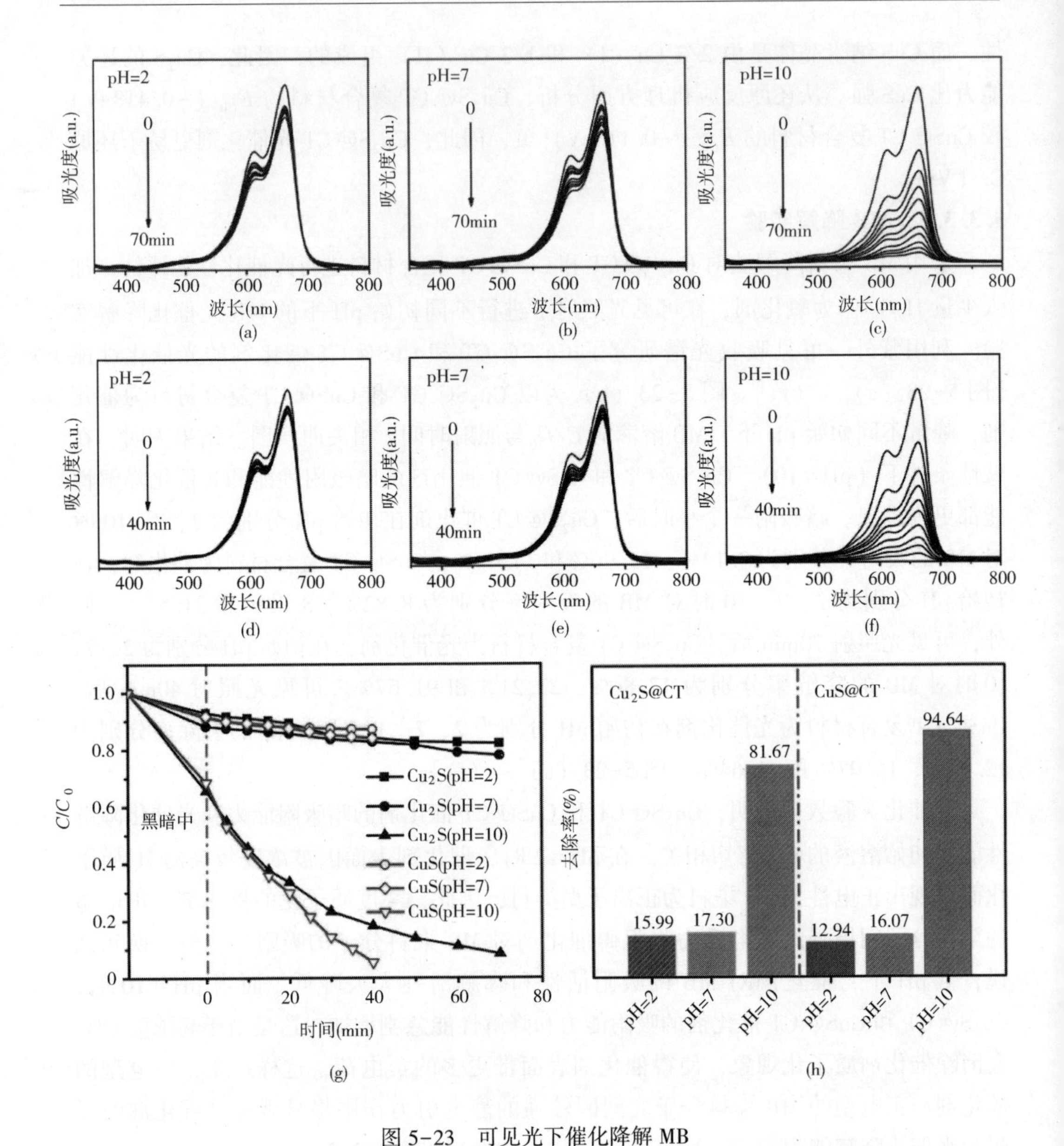

图 5-23　可见光下催化降解 MB

(a)、(b)、(c) Cu_2S@ CT 复合材料；(d)、(e)、(f) CuS@ CT 复合材料做光催化剂，在不同初始 pH (pH=2、7、10) 下的紫外可见吸收光谱；(g) 去除率与照射时间相关曲线；(h) 照射时间为 40min 时，MB 的去除百分率

主要是由于两种催化剂组分不同造成的。CuS 中的 Cu (Ⅱ) 倾向于为氧化反应过程提供空穴，这使得 CuS 的氧化性更强，CuS@ CT 的降解活性更好。从催化剂的价带结构方面分析，CuS@ CT 由于 E_{VB} 值 (1.002eV) 较 Cu_2S@ CT 的 E_{VB} 值 (0.892eV) 更正而具有更强的氧化能力，这使得 MB 更易被 CuS@ CT 催化剂氧化分解。

5.3.3.6　催化剂的稳定性测试

为了证明催化剂的稳定性，对反应前后的 Cu_2S@ CT 和 CuS@ CT 复合材料进行了一系列测试表征。

为了进一步了解催化剂表面元素的化学价态，对光催化反应前后的 Cu_2S@ CT 和 CuS@ CT 进行了 XPS 测试。如图 5-24 所示，对比相同催化剂材料反应前后的 XPS 光谱发现，样品的主峰位置一致，表明反应前后催化剂的化学价态未发生改变。进一步分析 XPS 数据，图 5-24（a）和（b）为 Cu_2S@ CT 中 Cu 2p 轨道和 S 2p 轨道的 XPS 谱图，图 5-24（a）中，位于 932.1eV 和 952.2eV 处的两个主峰分别归属于 Cu（I）$2p_{3/2}$和 Cu（I）$2p_{1/2}$。图 5-24（b）中，位于 161.6eV 和 163.5eV 处的两个峰分别对应于 S $2p_{3/2}$ 和 S $2p_{1/2}$。图 5-24（c）和（d）为 CuS@ CT 的 XPS 谱图，

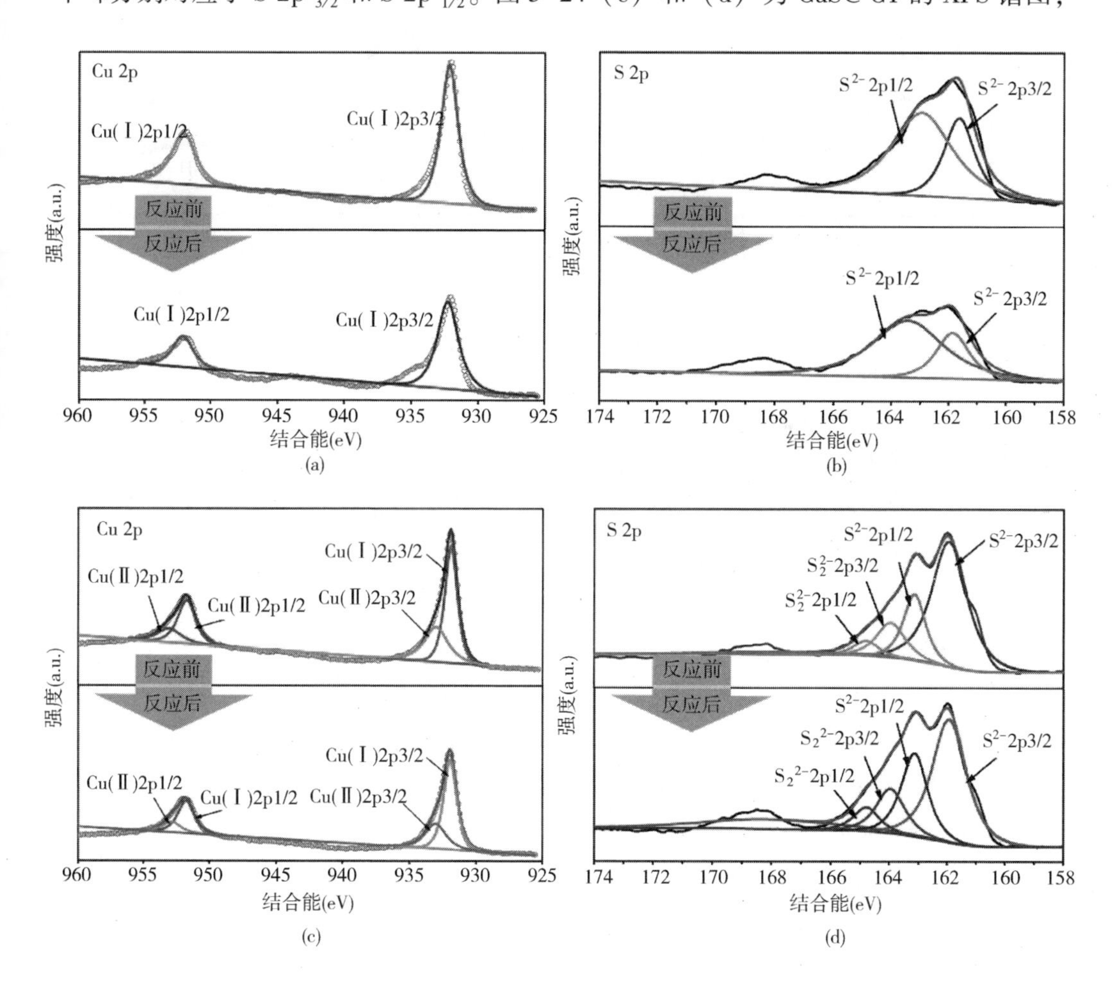

图 5-24　催化剂反应前后的 XPS 光谱图

（a）Cu_2S@ CT 的 Cu2p；（b）Cu_2S@ CT 的 S2p；（c）CuS@ CT 的 Cu2p；（d）CuS@ CT 的 S2p

Cu 2p 轨道的 XPS 图［图 5－24（c）］显示同时存在 Cu（I）和 Cu（II），位于 932.0eV 和 951.7eV 处的两个高强峰分别对应于 Cu（I）$2p_{3/2}$和 Cu（I）$2p_{1/2}$，另外两个强度较低的峰归属于 Cu（II）$2p_{3/2}$和 Cu（II）$2p_{1/2}$，所对应的峰位置分别为 934.2eV 和 954.1eV。图 5－24（d）中，位于 161.5eV，163.1eV，163.9eV 和 164.8eV 处的峰分别归属于 S^{2-} $2p_{3/2}$、S^{2-} $2p_{1/2}$、$S_2^{\ 2-}$ $2p_{3/2}$和 $S_2^{\ 2-}$ $2p_{1/2}$。

由图 5-25 可以看出，在初始 pH 为 2、7、10 的溶液中反应后，催化剂的 XRD 图谱与反应前的 XRD 图一致，表明催化剂的晶相很稳定。

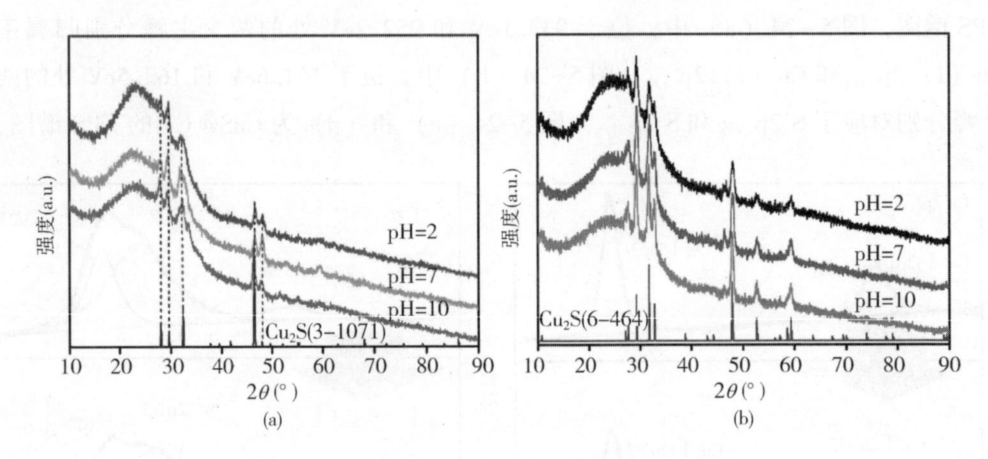

图 5-25 复合材料在光催化反应后的 XRD 图谱

（a）Cu_2S@ CT；（b）CuS@ CT

将在不同初始 pH 溶液中发生光催化反应后的催化剂收集起来，进行 SEM 表征。如图 5-26 所示，催化剂在剧烈的光催化反应后依然保持原有的纳米花结构，表明催化剂的具有较稳定的结构框架。

5.3.4 结论

综上所述，笔者通过一个简单可行的二次溶剂热硫化实现从 Cu_2S 相到 CuS 相的转变，而且在二次硫化过程中，CuS 纳米材料完全遗传了 Cu_2S 纳米材料特殊的纳米花团簇结构。在 MB 降解和 Cr（Ⅵ）还原实验中，Cu_2S@ CT 和 CuS@ CT 复合材料由于具有丰富的活性位点和较大的比表面积而具有较高的光催化性能。在低 pH 下，高度质子化催化剂与带负电荷的 $HCrO_4^-$之间由于强静电引力作用而使催化剂对 Cr（Ⅵ）具有较好的还原活性。而在 pH 较高的条件下，结果则恰恰相反，呈现负电性的催化剂与带正电荷的 MB 分子之间较强的静电引力，使得催化剂对 MB 降解具有较好的活性。除此之外，由于 Cu（Ⅰ）倾向于为还原反应提供电子，所以 Cu_2S@ CT 催化剂还原 Cr（Ⅵ）的能力优于 CuS@ CT 催化剂，而 Cu（Ⅱ）容易在氧化反应

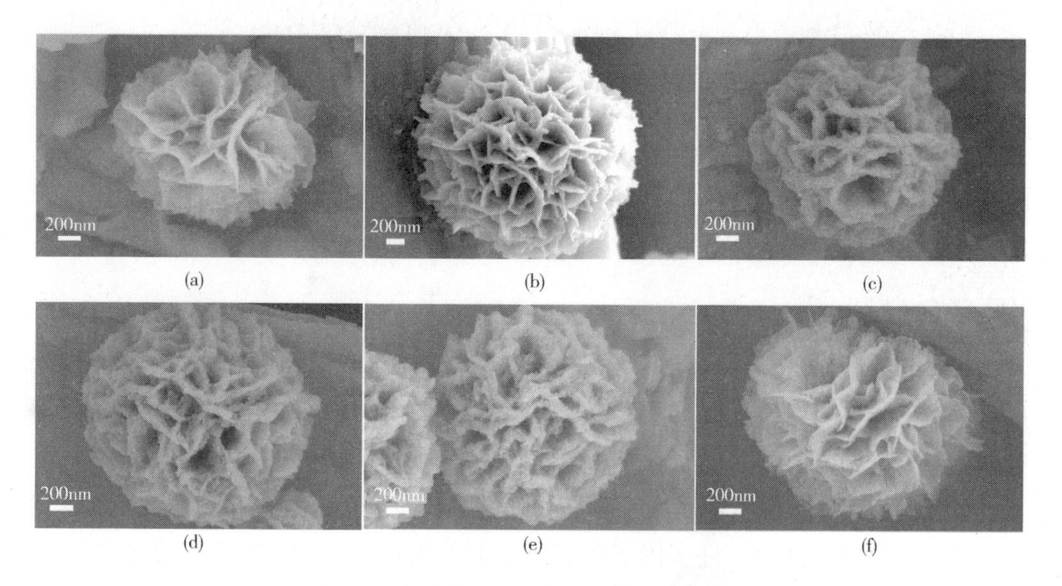

图 5-26　光催化反应后催化剂的 SEM 图

（a）Cu_2S@ CT 在低倍率下的 SEM 图；（b）pH=2 时，CuS@ CT 的 SEM 图；（c）pH=7 时，CuS@ CT 的 SEM 图；（d）pH=10 时，CuS@ CT 的 SEM 图；（e）pH=2 时，Cu_2S@ CT 的 SEM 图；（f）pH=7 时，Cu_2S@ CT 的 SEM 图

中产生空穴，故 CuS@ CT 的氧化性能更好。本章内容介绍了一种合成 CuS 的新方案，为研究材料的组成与性能之间的关系提供了有价值的参考。

第6章　铜基类芬顿—光双功能催化剂

6.1　从高核铜簇衍生的高核 Cu_xS_y 纳米晶催化剂的合成

6.1.1　引言

开发新型储能/转换材料以去除材料中有毒试剂和溶剂是人们的目标。开发新型、绿色、安全的储能材料，替代传统的储能材料，发展绿色、安全的催化剂，高效的用于污染物降解的催化剂成为迫切的需求。到目前为止，已经开发并报道了大量的催化剂，用于去除重金属离子污染和降解有机染料分子，从单一金属到混合金属和无机化合物。然而，许多因素限制了它们的发展。例如，由于铂的过电位低、稳定性高而被广泛研究，但是地球含量较少，限制其进一步的研究，TiO_2和 ZnO 的宽带隙也限制其发展。因此，探索经济、绿色、高效的催化剂仍然是一个挑战。

近年来，丰富、经济、环保的且具有窄的带隙的金属硫系化合物引起了人们的广泛关注，包括 CuS、CdS、In_2S_3。铜硫化合物由于它们的半导体性能和高稳定性得到了广泛的应用。硫化铜具有不同的相（CuS、Cu_2S、Cu_7S_4、Cu_9S_5等），在许多领域表现出良好的性能，如催化、传感器、能量存储等。低核硫化铜一直是人们关注的焦点，然而对于高核硫化铜的性质以及合成方法，则获得较少的关注。到目前为止，只有少数高核铜硫化物被报道，多核金属硫化物具有多核结构、丰富的活性位点和高导电性，提供更多的反应中心，采用模板法、两相法、直接金属盐法、分解法等方法，成功地合成了性能优异的多核金属硫化物。然而，这些关于高核金属化合物的合成方法都是需要在苛刻的操作条件完成。例如，八面体 $Cu_{31}S_{16}$具有很高的催化性能，以在200℃热解 Cu_2O 为模板制得的催化剂。Pan 及其课题组在300℃分解合成了高核 $Fe_{21.34}O_{32}$。

由多金属中心和有机连接体组成的多核金属簇，由于其独特的结构和多种物理化学性质，包括多孔结构和高比表面积而受到广泛的关注。特别是丰富的金属中心，使其成为多金属硫化物、金属氧化物等衍生材料的理想来源。然而，据我们所知，还没有报道多核团簇化合物未作为高核金属硫系化合物的前驱体来制备金属氧化物。

本部分以已知的棕色四核铜团簇为前驱体，促进了高核 Cu_xS_y的产生，形成了规则形态且具有雪花结构的 Cu_xS_y。通过调节反应时间，制备了一系列不同形貌的雪花状 Cu_xS_y材料，并作为催化剂对其在紫外光下进行降解亚甲基蓝（MB）、罗丹明 B（RB）

和混合染料的反应。

6.1.2　结果与讨论

整个生长过程可以分为两个详细的过程，晶核或晶体胚胎的生长，以及雪花从颗粒到片和花的生长过程。在 50min 之前，反应时间非常短，雪花无法形成。50min 以后，雪花结构的原型开始出现。具体而言，如图 6-1（a）所示，反应时间为 5min 时，Cu_xS_y呈纳米颗粒结构，宽度为 600nm，长度为 900nm。5min 后，材料结构开始转变为六边形颗粒如图 6-1（b）所示。随着时间的推移，花朵形成，六瓣花瓣开始出现如图 6-1（c）所示。当反应时间增加到 50min 时，开始出现 900nm 大小的雪花结构原型，花瓣连接在一起。更多的花瓣可以提供更多的反应活性位点，有利于优异的性能。之后，团聚现象消失，六片花瓣分离。直到反应时间为 4h，顶部的六个枝都聚集在雪花的中心，大小大约 10μm［图 6-1（e）~（f），图 6-3（a）~（b）］，随着反应时间的增加，树枝六花瓣开始减少。生长机理如图 6-2 所示。

图 6-1　反应不同时间得到产物的 SEM 图

（a）5min；（b）10min；（c）30min；（d）50min；（e）4h；（f）16h

对样品进行了 EDS 和 XRD 表征，分析了样品的组成和相。图 6-3（c）中 4h 的 Cu_xS_y的 EDS 光谱表明，雪花样品中只发现 Cu 和 S 元素。雪花中 Cu 和 S 的元素比例为 71.24∶28.76，原子比例接近 2∶1。图 6-3（e）~（g）为雪花中 Cu 和 S 元素的分布情况。（f）和（g）分别代表 Cu 和 S 元素在雪花材料表面积上的分布情况可以

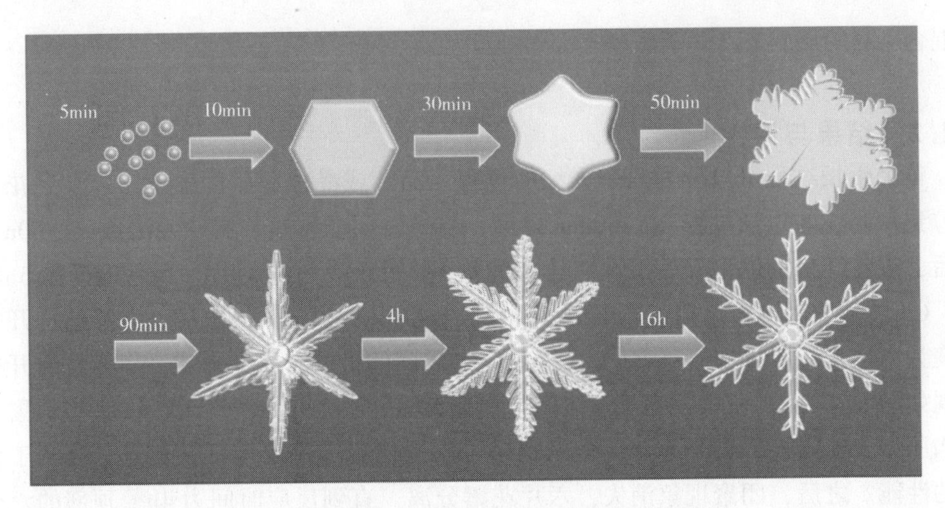

图 6-2　不同反应时间 Cu_xS_y 雪花结构生长示意图

看出元素分布均匀。不同时间生成产物的 XRD 衍射峰与两个标准卡 Cu_7S_4（JCPDS No. 23-985）和 $Cu_{31}S_{16}$（JCPDS 0023-0986）一致［图 6-3（d）］。这表明，4～16h 的雪花 Cu_xS_y 为 Cu_7S_4 和 $Cu_{31}S_{16}$ 化合物的混合物。Cu_7S_4 和 $Cu_{31}S_{16}$ 化合物的混合物可以逐渐转变成纯 $Cu_{31}S_{16}$（JCPDS 0023-0986）在反应时间为 20h。衍射峰随着反应时间的增加而增强。

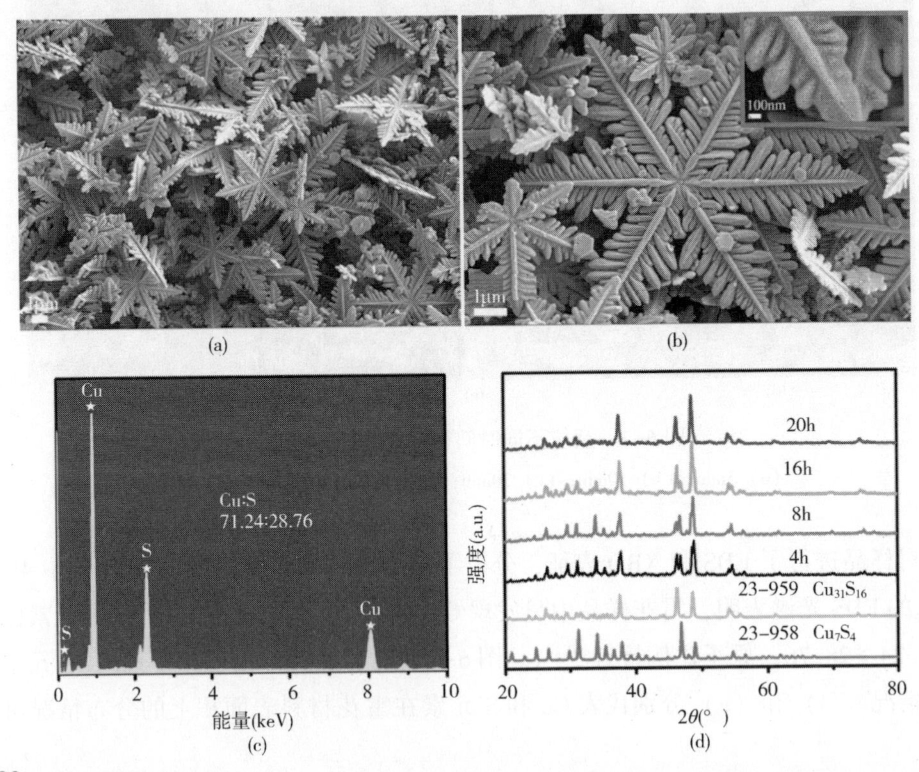

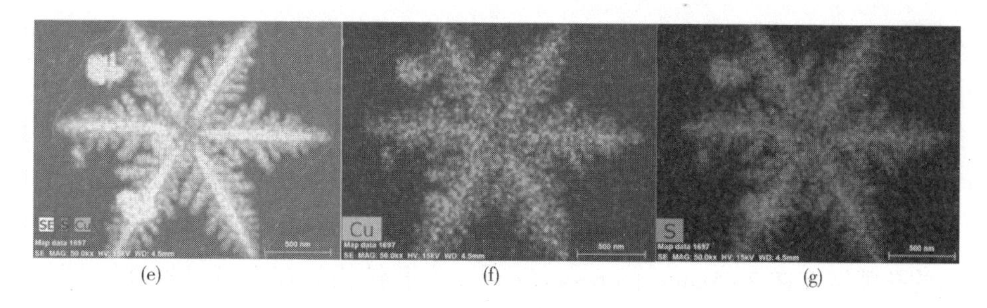

(e)　(f)　(g)

图 6-3　Cu_xS_y的形貌和物相表征

(a)、(b) Cu_xS_y低、高倍扫描电镜图；(c) Cu_xS_y反应时间为 4h 的 EDS 图；

(d) 不同反应时间 Cu_xS_y的 XRD 图；(e)、(f)、(g) Cu_xS_y的 Cu 和 S 的 Mapping 图

此外，通过 TEM [图 6-4 (a)] 也证实 4h 的 Cu_xS_y的雪花结构，与 SEM 吻合较好。样品的高倍 TEM 图像如图 6-4 (b) 所示。清晰的晶格结构表明存在单晶结构。(080) 方向的晶格间距由图中 $Cu_{31}S_{16}$的 FETEM 图像计算得到，为 0.20nm。选区电子衍射 (SAED) 图显示出样品为单晶结构，如图 6-4 (c) 所示。(088) 方向的点按选区电子衍射 (SAED) 图进行分析，由晶格结构计算样品的晶格间距为 0.21nm。

图 6-4

(a) 雪花结构的 Cu_xS_y的 TEM 图；(b) 雪花结构的 Cu_xS_y的 HRTEM 图；

(c) Cu_xS_y的 SAED 图；(d) Cu_xS_y的氮吸附—脱附等温线；(e) Cu_xS_y的孔径分布曲线

材料的表面条件影响染料分子的吸附性能。用氮气吸附等温线计算了 4h 的 Cu_xS_y的比表面积，用氮气吸附—脱附数据测定了粉末样品的孔隙特性。图 6-4（d）显示第四型等温线与快速上升高 p/p_0阶段和 H_2型滞后，它表明介孔的存在。计算得到的雪花状材料 BET 比表面积为 8.3m^2/g，高于前期报道的多孔类花状 Cu_2S 的比表面积为 5.133m^2/g。大的比表面积可以促进化学反应的进行。样品孔径分布的图像显示样品的孔隙宽度在 2~5nm［图 6-4（e）］。介孔结构的存在可以提高染料分子的吸附能力，提供更多的活性位点，从而提高催化性能。

采用单染料（MB 或 RB）和混合染料（MB 和 RB）溶液在黑暗环境（图 6-5）和紫外光下的吸附和光降解，对雪花状结构的 Cu_xS_y的催化活性进行评价。由于反应（1）~（6）的存在可以加速降解过程，所以催化剂在紫外光下的催化活性要高于在黑暗条件下的催化活性。在相关实验中，在染料溶液中加入 H_2O_2，产生高活性的羟基自由基，可以将染料氧化成小分子。材料的催化活性与 H_2O_2 的含量密切相关。H_2O_2 在没有催化剂的情况下降解速度较慢，只有 Cu_xS_y样品作为催化剂不能有效地促进催化过程。雪花结构的 Cu_xS_y在黑暗环境下的降解机理图如图 6-6 所示，在紫外光环境下的反应机理可以描述为：

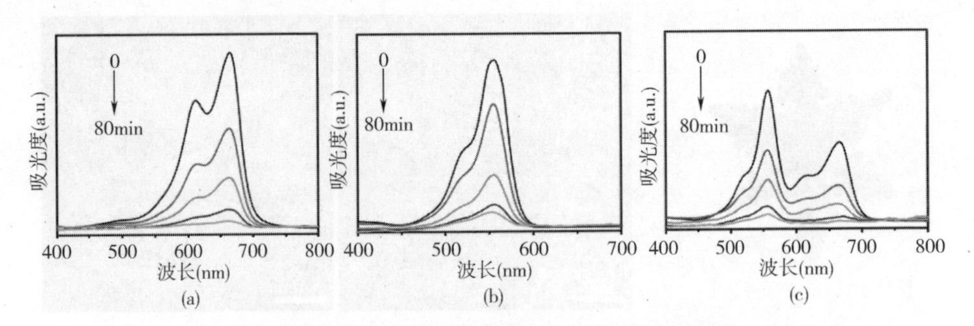

图 6-5　用所制备的催化剂在暗箱中降解不同条件染料的紫外吸收曲线

（a）亚甲基蓝（30mg/L）；（b）罗丹明 B（30mg/L）；

（c）亚甲基蓝（15mg/L）和罗丹明 B（15mg/L）的混合染料

$$Cu_xS_y \longrightarrow e^- + h^+ \tag{6-1}$$

$$O_2 + e^- \longrightarrow \cdot O_2^- \tag{6-2}$$

$$H_2O_2 + e^- \longrightarrow \cdot OH + OH^- \tag{6-3}$$

$$\cdot O_2^- + RH \longrightarrow CO_2 + H_2O \tag{6-4}$$

$$\cdot OH + RH \longrightarrow R \cdot + H_2O \tag{6-5}$$

$$h^+ + RH \longrightarrow R^+ \cdot \tag{6-6}$$

$$Cu^{n+} + H_2O_2 \longrightarrow H^+ + CuOOH^{(n-1)+} \tag{6-7}$$

$$CuOOH^{(n-1)+} \longrightarrow HOO \cdot + Cu^{(n-1)+} \tag{6-8}$$

$$Cu^{(n-1)+}+H_2O_2 \longrightarrow Cu^{n+}+\cdot OH+OH^- \quad (6-9)$$

$$RH+\cdot OH \longrightarrow R\cdot +H_2O \quad (6-10)$$

羟基、氧自由基和空穴破坏了染料分子，染料被降解了。RH 表示 MB 或 RB 分子。首先，以合成的雪花状 Cu_xS_y 材料为催化剂对 MB 进行降解。随着时间的推移，染料的颜色逐渐消失了。用紫外—可见分光光度法（UV-vis）测试了雪花状硫化铜的催化活性。经过 3min、5min、8min、10min、13min 后，MB 在 4h 样品溶液中的降解率分别为 69.7%、78.3%、90.75%、94.2%、97.7%，如图 6-7（a）。没有放入样品的单独 H_2O_2 的降解曲线［图 6-7（b）］表明，MB 在 210min 左右可以完全降解。很明显，H_2O_2 与样品的降解活性远远超过单独的 H_2O_2 的降解活性，说明样品在染料降解中起着重要的作用。与大多数报道的材料相比，4h 的 Cu_xS_y 的催化水平优于在 40min 后对 MB（35mg/L）的降解率达到 94.5%的 PAN/CuS 复合纳米纤维。在 H_2O_2 存在下，使用 $CuS/CoFe_2O_4$ 催化剂，在紫外光下降解 25mg/L MB，大约需要 30min 降解水平才能达到 100%。120min 后，非晶二氧化钛对 MB（20mg/L）的降解率达到 90%。高核 Cu_xS_y 材料的高催化活性原因为具有反应中心的大量金属中心和样品的介孔结构。

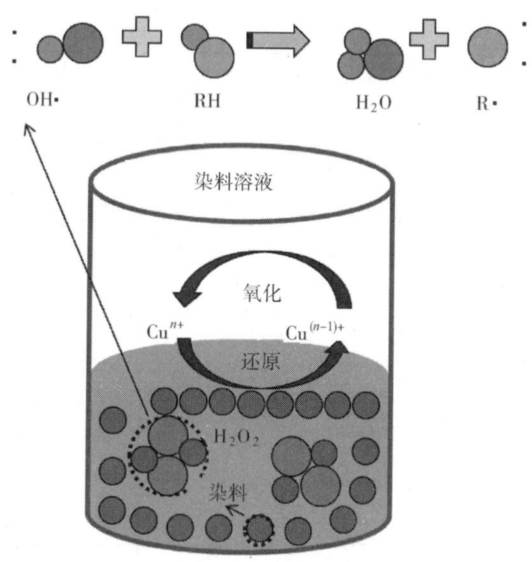

图 6-6　暗环境下 Cu_xS_y 的降解机理图

对 4h、8h、16h、20h 样品进行 MB 降解试验，13min 后的降解率分别为 97.7%、93.6%、89.3%、84.1%［图 6-7（c）］。比较不同反应时间的光催化性能，发现 4h 的 Cu_xS_y 对 MB 的降解效率最高。因此，在接下来的降解实验中，笔者选择 4h 的 Cu_xS_y 作为催化剂对染料进行降解。不同样品的降解效率随着反应时间的增加而降低，原因是树枝花瓣结构的减少导致比表面积的减小。根据朗伯—比尔定律，MB 的降解率是通过以下方程：

$$\eta = (C_0 - C) / C_0 \times 100\%$$

式中：C_0为染料的初始浓度；C 为染料的瞬间浓度。

染料的光降解过程符合拟一阶动力学。方程表示如下：

$$\ln (C_0/C) = kt$$

式中：k 为降解速率常数。

计算 4h、8h、16h、20h 样品中 MB 的降解速率常数分别为约 0.2727min^{-1}、0.1786min^{-1}、0.1479min^{-1}、0.1300min^{-1}［图 6-7（f）］。即使是最低的值也远远高于不同形态的分级纳米晶 CuS 的最高值（0.08min^{-1}）

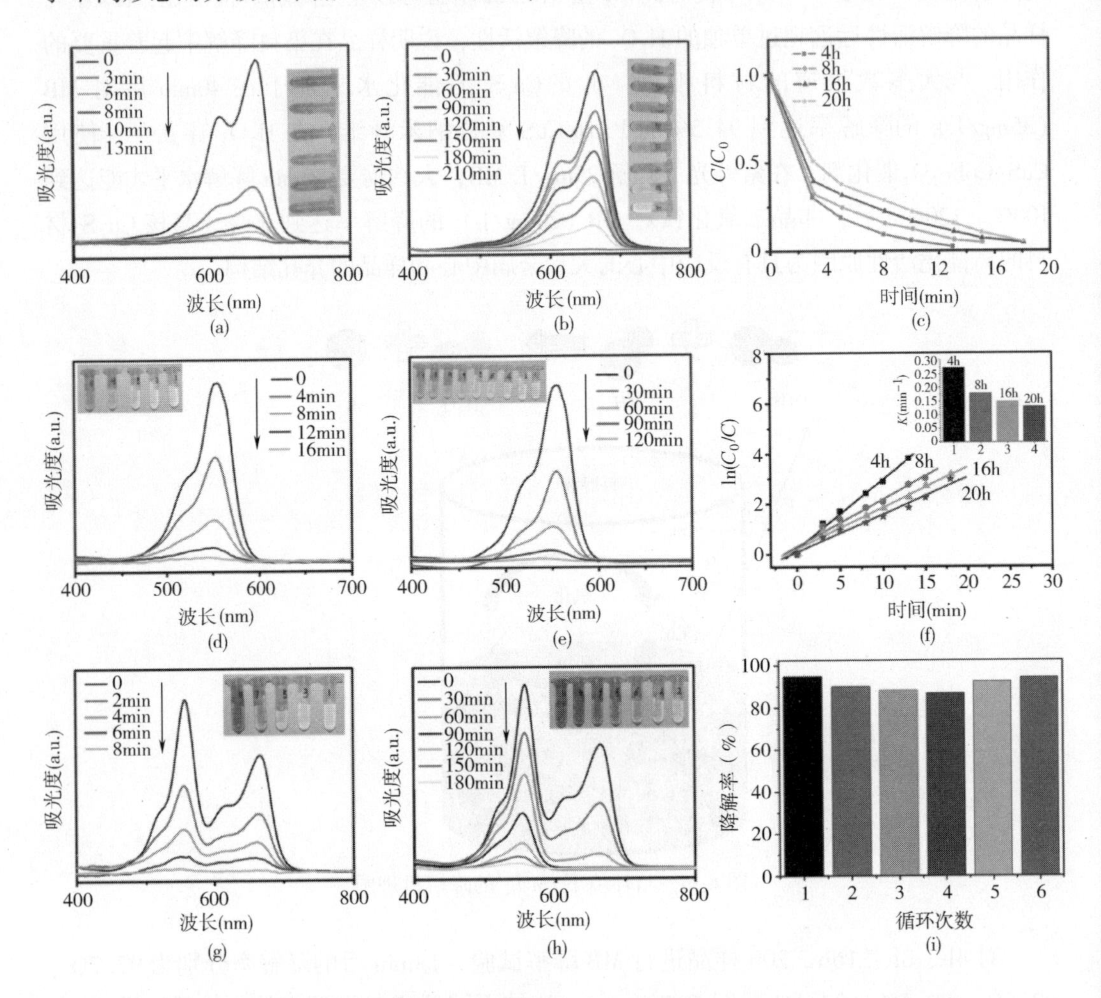

图 6-7　降解 MB 和 RB 过程中紫外—可见光谱的变化

（a）30mg/L MB，4h 样品溶液；（b）30mg/L MB 无样品；（c）30mg/L MB（含不同样品）；（d）30mg/L RB，4h 样品溶液；（e）30mg/L 无样品的 RB；（f）30mg/L MB 的动力学研究；（g）15mg/L 混合染料，4h 样品溶液；（h）15mg/L 无样品混合染料（MB 和 RB）；（i）循环样品对 MB 的重复降解（4h）

为了进一步探索制备的材料的催化降解活性，笔者也探究了催化剂 Cu_xS_y（4h）在紫外光下降解 RhB。RhB 的催化降解图如图 6-7（d）～（e）所示，比较有无催化剂存在时的催化活性。结果表明，在无 4h 的 Cu_xS_y 的条件下，在 30min 连续紫外光照射时，RB 溶解在没有催化剂作用下的降解程度没有明显变化。在催化剂存在的情况下，分别在 4min、8min、12min、16min 后，降解率分别为 40.7%、77.4%、91.5%、98.2%。Cu_xS_y（4h）被认为是降解 RB 的较好的光催化剂，比报道的 FeOOH 和 $CuS/CoFe_2O_4$ 的降解效果更好，分别在 60min 后 RB（20mg/L）降解 87%，在 30min 后 RB（25mg/L）降解 72%。催化剂 Cu_xS_y 不仅对单 MB 或 RB 的降解具有良好的催化活性，对混合染料（MB 和 RB）也具有良好的催化活性。同样，在紫外光下对混合染料（MB 和 RB）降解，分别在 2min、4min、6min、8min 后，Cu_xS_y 对 MB 和 RB 的降解程度分别为 49.3%、74.6%、89.8%、97.7%［图 6-7（g）］。但是，没有样品的染料整个降解过程大约需要 180min［图 6-7（h）］。

以 MB 的降解为例，考察了 4h 的 Cu_xS_y 的稳定性。它循环多次对 MB 溶液的降解率如图 6-7（i）所示。样品浓度在循环过程中保持不变。15min 后得到 MB 的降解转化图谱。催化 15min，MB（30mg/L）的第一次降解率为 99%，第二次降解率（13.5mg/L）达到 92%。六次循环后 MB 的降解程度仍为 97%，表明其具有良好的可循环性和稳定性。结果表明，4h 的 Cu_xS_y 比铜纳米盘具有更好的循环稳定性，其催化活性在五次后达到 80%左右。为了进一步证实 4h Cu_xS_y 催化剂的稳定性，第一次循环催化反应后的 SEM 图如图 6-8 所示。可见，4h Cu_xS_y 催化剂在降解后仍保持雪花状结构。以上结果表明，具有雪花结构的 Cu_xS_y 具有较高的稳定性，可作为染料降解的优良催化剂。

(a)　(b)

图 6-8　降解循环之后的雪花状 Cu_xS_y 的 SEM 图

（a）高倍；（b）低倍

6.1.3　结论

以四核铜簇为前驱体，制备了具有雪花结构的高核 Cu_xS_y。具有雪花结构的

Cu_xS_y的生长过程受反应时间的影响，反应时间可以分为两个详细的过程：晶核或晶体胚的生长以及雪花从颗粒到片和花的生长过程。选择合成的样品作为催化剂，催化染料降解反应。结果表明，具有雪花状结构的高核硫化铜比低核硫化铜具有更高的催化活性。其优异的催化性能可归因于金属反应中心的数量。4h 样品的催化降解能力高于 8h、16h、20h 样品。4h 样品降解效率（MB，30mg/L）在 13min 后达到 97.7%，对混合染料的降解水平（RB 和 MB，15mg/L）在 10 分钟左右完全降解。4h 样品循环降解 6 次后，降解水平仍保持与第一相近的降解活性。综上所述，从四核铜簇衍生的高核 Cu_xS_y材料具有良好的催化活性和高稳定性，在废水处理行业具有巨大的应用潜力，也将为制备高核化合物指明了道路。

6.2 双组分 CdS/Cu_7S_4 协同作用在染料降解中的性能研究

6.2.1 引言

工业废水中所含有的难降解、高毒性的有机成分是威胁生态环境的主要元凶之一。目前，常用的处理染料废水的方法有微生物分解法、物理吸附法和光催化法。然而，严苛的降解处理条件、降解不完全造成的二次污染以及较低的光利用率都极大地限制了这些方法的广泛应用。相比较于传统的方法，芬顿氧化法可依赖于双氧水分解生成的具有高氧化电位（2.8V）的羟基自由基来实现完全彻底地将有机大分子氧化分解 H_2O 和 CO_2等小分子，因此，芬顿氧化法成为染料废水高效处理的候选方法之一。然而，传统的铁基芬顿催化剂对污水处理体系的 pH 要求特别高，且易被氧化，难保存。为了更加高效彻底地治理废水，开发出一种具有高活性和稳定性的催化剂是十分迫切的。

硫化铜由于其与铁基催化剂相似的多价态以及更高的稳定性，被认为是类芬顿催化剂最理想的候选材料。材料的性能与自身的结构和形貌有很大关系，因此开发一种新型三维分层结构的硫化铜纳米材料具有重要意义。近些年来，微/纳米构筑法常被用于构筑具有特殊结构和形貌的无机化合物，以提供较大的比表面积和丰富的活性位点。例如，采用水热法原位沉积制备了三维分层的 CuS 微球结构和 CuS 纳米颗粒。另外，软模板法常被用来调控硫化铜的形貌，通过调节生物大分子添加剂的量制备出不同形貌（雪花状、花状、纳米片状、多孔中空微球状）的硫化铜纳米结构。例如，以阳离子表面活性剂十六烷基三甲基溴化铵（CTAB）为模板成功地合成了 CuS 纳米片。目前，已有许多经典的报道了在晶格层次上对硫化铜进行形貌与结构的调控，这些报道为我们调控材料形貌提供了非常有价值的参考。此外，离子置换法被认为是一种制备具有特殊形貌结构纳米材料的常用方法，离子置换法利用现有的晶格为模板，以实现母体材料的形貌遗传与晶格缺陷的引入。例如，通过连续的部分离子置换合成了薰衣草状的 $Ni_3S_2/Co_9S_8/NiSe$ 纳米阵列作为超级电容器的电极材料，具有优异的倍率性能。通过碘离子或溴离子与氯离子的离子置换提升了量子点的荧光产率。因此，以具有特殊形貌结构的母体材料为模板，采用离子置换法制备具有优良形貌的硫化铜催化剂具有重要意义。

CdS 作为一种典型的光催化剂引起了人们的高度关注，近年来，大量文献报道了量子点、纳米片、纳米棒和纳米花等不同结构的硫化镉纳米晶体的制备。尤其是硫化镉量子点由于具有较高的吸收系数、带隙可调节性和易生成激发电子等光电性能，对其研究更是广泛。微乳液法和热注射法是制备硫化镉量子点的常用方法，但这些制备工艺都较烦琐。因此，设计一种温和简单的手段来实现从硫化镉微纳米结构到硫化镉量子点的转化，将为硫化镉量子点的制备开辟一条捷径。在之前的报道中，离子置换法已被证实是实现材料组成可控变化的有效策略，因此，我们也可以用多功能铜离子来置换硫化镉中的大部分镉离子，以制备具有光催化与类芬顿催化协同效应的 CdS/Cu_xSQDs 异质结材料。

本部分通过简单的溶剂热法，在 CTAB 的辅助下，成功地合成了以超薄纳米片为结构单元的三维分层百合花状 CdS 纳米结构。这种特殊的三维结构赋予 CdS 较大的比表面积和丰富的活性位点，可以有效地提高材料本质性能。随后，以三维分层的百合花状 CdS 纳米结构为模板，通过连续的铜离子部分置换成功，合成了 CdS/Cu_7S_4 纳米晶体材料。随着晶格中铜离子取代镉离子比例的增加，也实现三维百合花状 CdS/Cu_7S_4QDs 的可控制备。从整体来看，CdS/Cu_7S_4 复合材料完全遗传了母体材料百合花状的骨架结构，而随着离子置换，母体材料光滑的百合花状纳米片被纳米颗粒和纳米级孔洞填充代替，进一步有效增加了纳米材料的比表面积和活性位点。更重要的是，异质结材料 CdS/Cu_7S_4QDs 实现了光催化与类芬顿催化的协同效应。随后，CdS/Cu_7S_4QDs 异质结材料被用作有机染料（如亚甲基蓝，罗丹明 B）降解实验中的催化剂。不同光照条件下，三维分层百合花状 CdS/Cu_7S_4QDs 复合材料的降解速率均远大于纯的 CdS 纳米材料。此工作为制备 CdS QDs 和多功能高效染料降解催化剂提供了一个新的思路。

6.2.2 实验部分

6.2.2.1 三维分层百合状 CdS 纳米花的合成

三维分层百合花状 CdS 纳米材料通过简单的一步水热法制备得到。在此合成实验中，将 0.2314g 四水合硝酸镉、0.0571g 硫脲和 0.1g CTAB（十六烷基三甲基溴化铵）加入含有 9 mL 乙二醇和 15mL 乙二胺混合溶液的烧杯中，于室温下搅拌 8h，充分搅拌后，将混合溶液转移到 30mL 的反应釜中，随后将反应釜置于烘箱中，160 ℃

下维持 4h，反应结束后冷却至室温。收集产物，分别用蒸馏水和酒精离心 3 次，倒去上清液，置于 60 ℃烘箱中干燥 8h，得到黄色粉末状 CdS。为了探索三维分层百合花状 CdS 的生长机理，通过改变反应时间合成了一系列样品，命名为 CdS-1，CdS-2 和 CdS-3 分别对应于反应时间为 40min、100min 和 4h。

6.2.2.2 合成百合花状 CdS/Cu_7S_4纳米材料

三维分层百合花状 CdS/Cu_7S_4纳米材料是以已制备好的 CdS 纳米花为模板，通过连续的离子置换合成得到。合成过程及实验条件与制备 CdS 纳米花的条件相似。简单来说，将 0.5mmol CdS 纳米材料和一定量的三水合硝酸铜加入到上述实验中的混合溶液中，搅拌 0.5h 后，在室温下静置过夜。随后，收集纯化样品，置于 60℃烘箱干燥 8h。为了探索离子置换过程中铜离子浓度对最终产物组分及形貌的影响，在不同阳离子摩尔比例下制备了一系列样品。CdS 与 Cu^{2+} 的摩尔比为 1∶0.05、1∶0.2、1∶0.5、1∶1、1∶2，对应的产物分别命名为 CdS/Cu_7S_4-1、CdS/Cu_7S_4-2、CdS/Cu_7S_4-3、CdS/Cu_7S_4-4、CdS/Cu_7S_4-5。

6.2.3 结果与讨论

6.2.3.1 三维百合花状 CdS 纳米材料的表征

三维分等级 CdS 纳米材料是通过一种简单的一步溶剂热法制备得到的。图 6-9（a）和（b）为 CdS 的高倍率扫描电子显微镜图片，从图 6-9（b）插图中可以看出 CdS 是由许多厚度约为 20nm 的花瓣状纳米片组成的百合花状结构。图 6-9（e）的 EDS 能谱表明纳米花材料元素成分只有两种：镉元素和硫元素，元素比例接近于 1∶1。从图 6-9（c）的元素 mapping 能谱图中可以清晰地看出，镉和硫两种元素分布均匀。图 6-9（d）的 XRD 图谱分析显示样品 CdS-3 的所有衍射峰均与 CdS 标准卡片 JCPDS No. 1-780 的衍射峰相对应，进一步表明已制备的 CdS 纳米材料为纯相，2θ 值位于 25.0°、26.6°、28.4°、36.65°、43.68°、47.84°和 51.91°位置的衍射峰分别对应于六方相的（1 0 0）、（0 0 2）、（1 0 1）、（1 0 2）、（1 1 0）、（1 0 3）和（1 1 2）面。另外，样品 CdS-3 尖锐的峰型证明产物在有利的生长环境下制得且结晶度很高。根据 XRD 数据参数，用 Diamond 软件画出了 CdS 的晶体结构示意图如图 6-9（f），从晶体结构图中可以清晰地看出，CdS 为层状结构，层间距在 2.52Å 到 4.20Å 之间，远大于 Cd 离子（d=1.97Å）和 Cu 离子直径［d Cu（I）= 1.54Å，d Cu（II）= 1.46Å］。

为了一步研究 CdS 纳米材料表面元素的化学态，用 XPS（X 射线光电子能谱分析）法测量了元素的键能。如图 6-9（g）所示，XPS 全谱显示测试样品中只有 O、C、S 和 Cd 的峰，无其他元素存在，进一步表明了 CdS 纳米材料的高纯度。图 6-9（h）为 CdS 中的 Cd 3d 轨道的 XPS 谱图，谱图中两个主要的峰分别归属于 Cd $3d_{5/2}$ 和

Cd $3d_{3/2}$，相对应的键能分别为404.58eV和411.34eV，与文献报道中的值非常接近。图6-9（i）为CdS中的S 2p的XPS谱图，出现在160.78eV位置的峰归属于S $2p_{3/2}$，出现在161.78eV位置的峰归属于S $2p_{1/2}$。另外，在166~170eV范围内的峰被认为是样品氧化形成的S—O键。

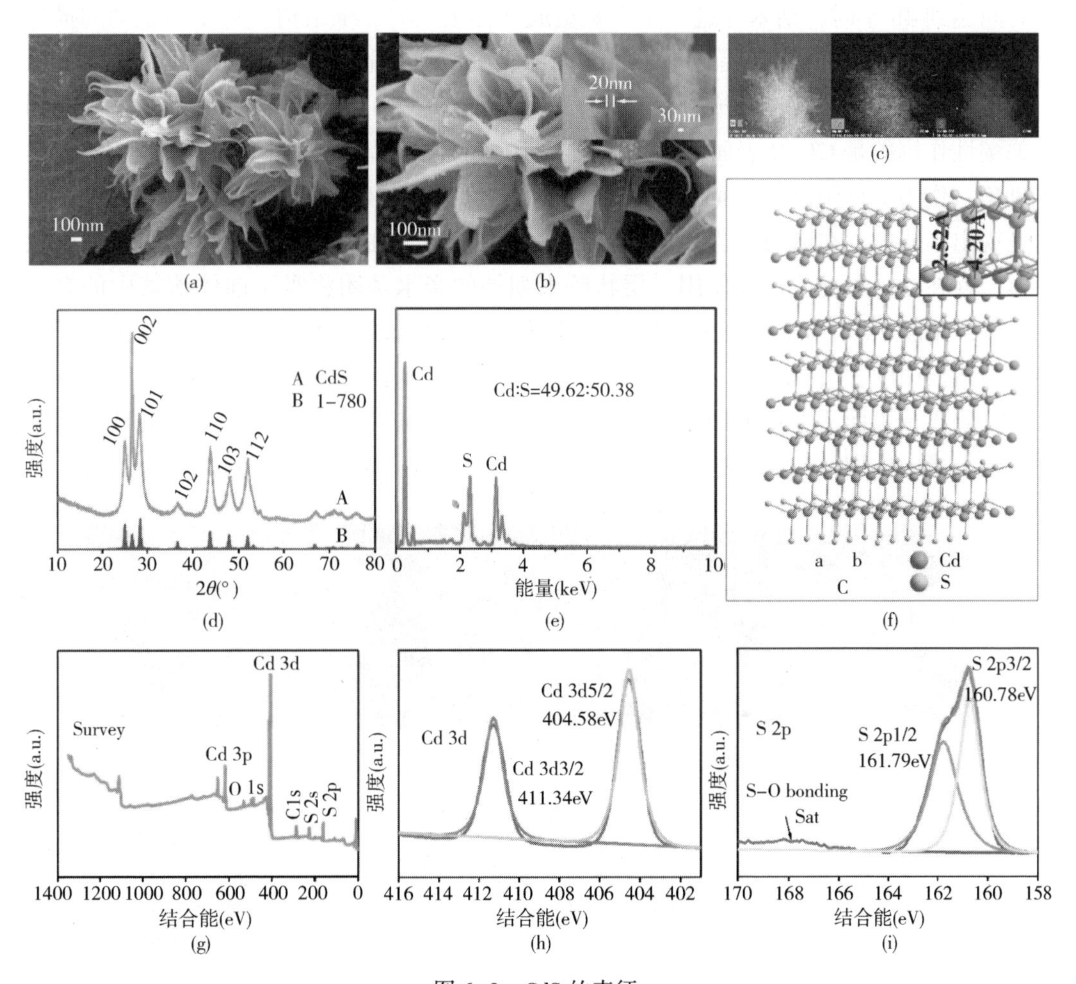

图6-9　CdS的表征

（a）、（b）为CdS纳米花在高倍率扫描电子显微镜下的图像以及单个纳米片的图像；（c）EDS能谱图像；（d）XRD图谱；（e）元素Mapping能谱图；（f）晶体结构图；（g）CdS XPS全谱；（h）Cd 3d XPS图谱；（i）S 2p XPS图谱

6.2.3.2　三维百合花状CdS纳米材料生长机理探索

为了探索三维分等级百合花状CdS纳米材料的生长机理，通过控制反应时间的长短制备了一批样品。如图6-10（a）~（c）为160℃反应温度，不同反应时长下收获的样品CdS-1，CdS-2，CdS-3对应的SEM图片。为了更加明确地表示三维分

等级的 CdS 纳米花的生长机理，如图 6-10（d）所示用模拟示意图来描述不同反应时间下形貌的演变过程。如图 6-10（d）所示，由 CdS-1 的 SEM 图片看出，在反应的初期阶段，溶液中的 Cd^{2+} 和 S^{2-} 快速地结合形成晶核，产物的微观结构是由许多不规则的小颗粒团聚而成的。随着反应时间延长，许多纳米片逐渐生长出来，当反应时间达到 4h 小时，纳米片进一步生长组成百合花状的三维结构。为了更生动的描述生长机理，可以把初期的晶体成核比作种子，在第二阶段，许多纳米片长出来可以比作种子发芽，最后，长成百合花状。在百合花状 CdS 纳米材料生长过程中，起到关键性作用的是 CTAB 表面活性剂，图 6-10（e）中生动地描述了 CTAB 胶束的作用机理。作为一种阳离子表面活性剂，在不同极性的溶液中，不同浓度的 CTAB 可以呈现出不同的存在形态。当表面活性剂浓度大于第二临界胶束浓度时，胶束以层状形态存在，由于配位相互作用，层状胶束朝外的亲水基团将吸引前体溶液中的自由 Cd^{2+}，并且 Cd 正离子在胶束外侧有序地排列开来，随后，依次排开的 Cd 正离子将吸附溶液中的 S^{2-}，因此，CdS 沿着胶束的外层逐渐生长成片状。在 CdS 生长过程中，阳离子表面活性剂 CTAB 的作用机理与软模板法有相似之处，均有纳米材料结构生长导向作用。CTAB 表面活性剂的结构导向作用可优化纳米材料的微观结构，已

图 6-10 不同反应时间下的 CdS 扫描电子显微镜图片

（a）40min；（b）100min；（c）4h；（d）不同反应时间下对应的生长机理示意图；

（e）CTAB 表面活性剂在 CdS 纳米花生长过程中的作用机理

制备出的三维分等级 CdS 纳米花具有较大的比表面积及丰富的活性位点，因此，CdS 纳米材料具有良好的应用前景。更重要的是，在通过离子置换反应制备新型结构的纳米材料时，百合状 CdS 纳米花可作为理想的结构模板。

6.2.3.3　CdS/Cu_7S_4复合材料的物相表征

为了进一步提高纳米材料的性能且保持原有微观结构，通过部分或完全的离子置换反应制备了 CdS/Cu_7S_4纳米材料。图 6-11 中 SEM 图片表明 CdS/Cu_7S_4复合材料

图 6-11　CdS/Cu_7S_4复合材料形貌图

（a）CdS/Cu_7S_4-3 的 SEM 图；（b）CdS/Cu_7S_4-4 的 SEM 图；（c）CdS 的低倍率下 SEM 图及插图为高倍率下 SEM 图；（d）CdS/Cu_7S_4-5 的低倍率下 SEM 图及插图为高倍率下 SEM 图；（e）离子置换机理示意图

完全遗传了母体材料的基本骨架。仔细观察 CdS/Cu_7S_4-5 纳米材料的 SEM 图片发现，CdS/Cu_7S_4完全继承了 CdS 模板的百合花状骨架，而组成百合花状结构的光滑的纳米片被众多小颗粒和空洞代替。这种现象可以归因于晶格参数的改变，离子置换反应前后，从 CdS 的六方晶系变成以 Cu_7S_4为主的单斜晶系，晶格参数的变化将引入晶体缺陷。

另外，关于反应温度对离子置换后产物形貌的影响，笔者做了一系列实验进行探索，如图 6-12 所示，在较高的离子置换反应温度下，产物将不再遗传母体材料的百合花状骨架，而是变成了不规则的小颗粒。因此，当以纳米材料为离子置换反应的模板时，纳米材料形貌的变化是要考虑的重点，特别是离子置换反应前后纳米晶体的晶相发生改变。

图 6-12　不同离子置换反应温度下产物的 SEM

图 6-13（c）为不同样品的 XRD 图谱，特征峰显示 CdS/Cu_7S_4-1、CdS/Cu_7S_4-2、CdS/Cu_7S_4-3 和 CdS/Cu_7S_4-4 复合材料均含有两种成分，分别对应于标准卡片 CdS（JCPDS No. 1-780）和 Cu_7S_4（JCPDS No. 23-958）。随着铜离子的嵌入，Cu_7S_4晶相逐渐生成，XRD 能谱逐渐检测到 Cu_7S_4的特征峰的生成，标准卡片 Cu_7S_4的衍射峰值位于 22.92°、24.72°、26.60°、29.76°、31.22°、34.08°、35.35°、46.86° 和 48.92°处，分别对应于单斜晶相的（8 6 1）、(3 7 2)、(6 0 0)、(8 0 4)、(8 2 1)、(20 0 1)、(20 4 0)、(0 16 0）和（8 8 6）晶面，表明离子置换反应中晶体逐渐从六方晶相转变成单斜晶相。由于 CdS/Cu_7S_4-5 复合材料中 Cd 的含量非常低，因此，CdS/Cu_7S_4-5的 XRD 图谱中无明显的 CdS 特征峰。图 6-13（b）的 EDS 能谱显示 CdS/Cu_7S_4-5中的 Cu 与 S 原子比例为 70.15：29.66，Cd 原子含量仅为 0.19，这

表明 CdS/Cu_7S_4-5 样品中，绝大部分的 CdS 相转变成了 Cu_7S_4 相。图 6-13（a）为 CdS/Cu_7S_4-5 复合材料的元素 Mapping 能谱图，可以看出 Cu、S 和 Cu 元素分布均匀，进一步证明通过原位离子置换法成功地制备出 CdS/Cu_7S_4 QDs 异质结材料。

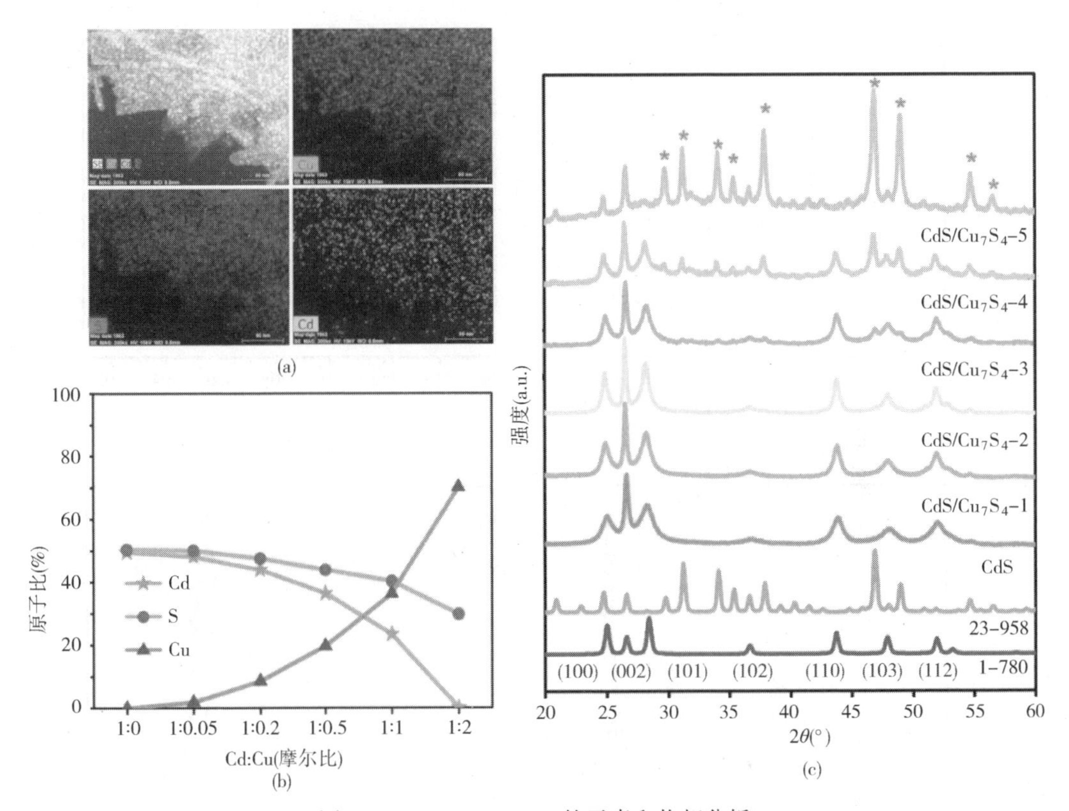

图 6-13 CdS/Cu_7S_4-5 的元素和物相分析

（a）CdS/Cu_7S_4-5 的 EDS-Mapping 能谱图；

（b）不同样品的 EDS 能谱元素含量曲线图；（c）不同样品的 XRD 图谱

为了研究复合材料的价态及化学成分，对样品 CdS/Cu_7S_4-5 进行了 XPS 测试分析。如图 6-14（a）所示，CdS/Cu_7S_4-5 复合材料的 XPS 全谱中只有 O 1s、C 1s、S 2p、Cu 2p 和 Cd 3d 的特征峰出现。图 6-14（b）为 CdS/Cu_7S_4-5 中的 Cd 3d 轨道的 XPS 谱图，谱图中两个主要的峰分别归属于 Cd 3d $_{5/2}$和 Cd 3d $_{3/2}$，相对应的键能分别为 405.20eV 和 411.95eV。图 6-14（c）为 CdS/Cu_7S_4-5 中 Cu 2p 的 XPS 谱图，位于 932.32eV 与 952.15eV 处的两个主峰分别对应于 Cu（I）2p $_{3/2}$和 Cu（I）2p $_{1/2}$，表明样品 CdS/Cu_7S_4-5 中有 Cu^+存在，位于 933.53eV 和 953.03eV 处的两个主峰分别对应于 Cu（II）2p $_{3/2}$和 Cu（II）2p $_{1/2}$，表明样品 CdS/Cu_7S_4-5 中有 Cu^{2+}存在。图 6-14（d）为 CdS/Cu_7S_4-5 中 S 2p 的 XPS 谱图，出现在 161.31eV 位置的峰归属

于 S 2p $_{3/2}$，出现在 162.49eV 位置的峰归属于 S 2p $_{1/2}$，表明在样品 CdS/Cu_7S_4-5 中存在 S^{2-} 与 Cu^+/Cu^{2+} 的配位键。另外，键能值集中在 168～170eV 范围内的峰被认为是样品氧化形成的 S—O 键。

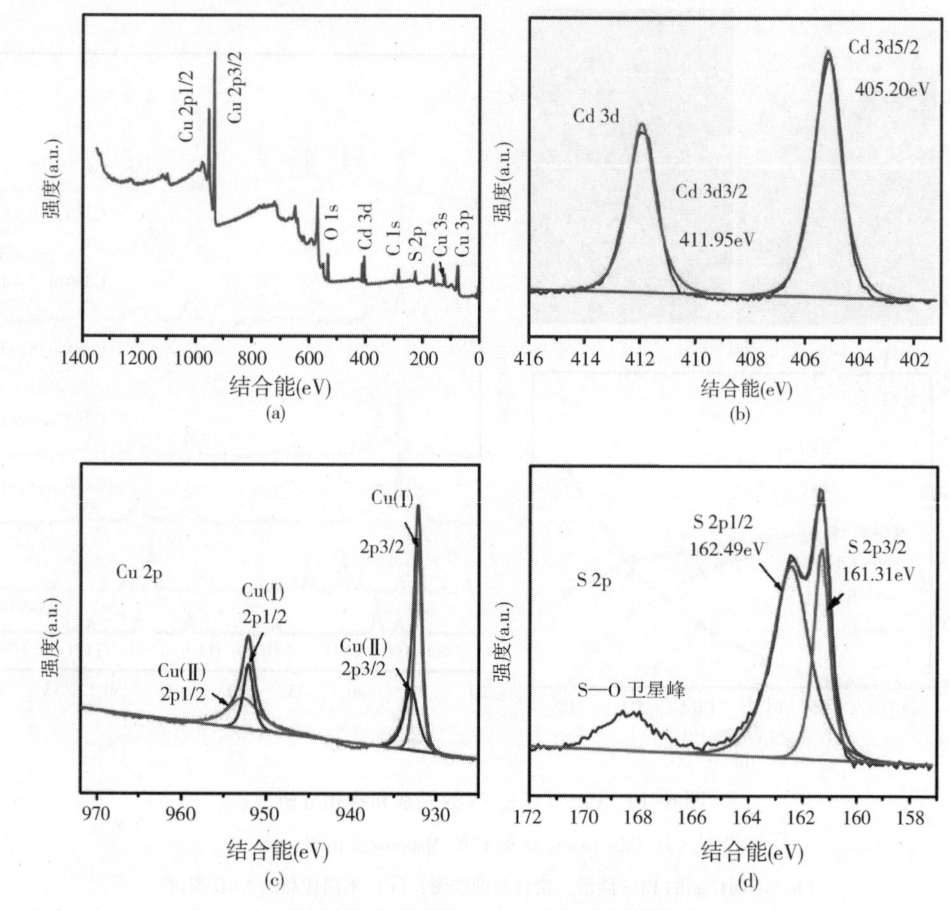

图 6-14　CdS/Cu_7S_4-5 的 XPS 图谱

（a）全谱；（b）Cd 3d 图谱；（c）Cu 2p 图谱；（d）S 2p 图谱

为了判断 CdS 及 CdS/Cu_7S_4样品的禁带宽度，使用紫外—可见分光光度计对不同样品进行固体紫外漫反射测试。如图 6-15（a）所示为不同样品的漫反射光谱图，从图中可以看出，CdS 纳米材料的漫反射曲线在 600nm 附近处出现骤减的现象，这是由于在小于 600nm 的波长范围内，CdS 具有较强的吸收，且 CdS/Cu_7S_4-1、CdS/Cu_7S_4-2、CdS/Cu_7S_4-3、CdS/Cu_7S_4-4 和 CdS/Cu_7S_4-5 的吸收边界逐渐红移，在 350nm 到 750nm 波长范围内，样品 CdS/Cu_7S_4-5 的漫反射光谱曲线几乎为一条直线，表明样品 CdS/Cu_7S_4-5 具有极强的吸收能力。不同样品的直接带隙值可以通过方程式（6-11）中的 Kubelka-Munk 公式换算出：

$$F(R_\infty) = (1-R_\infty)^2/2R_\infty \tag{6-11}$$

其中，R_∞表示样品在每一波长下的漫反射值都是无限大（$R_\infty \approx 1$的材料有硫酸钡，可用于基底混合压片材料）。在此实验计算过程中，将漫反射值R直接带入上述方程进行计算，作$[F(R)\ h\nu]^2\ vs.\ h\nu$曲线。如图6-15（b）所示，样品CdS，$CdS/Cu_7S_4$-1、$CdS/Cu_7S_4$-2、$CdS/Cu_7S_4$-3、$CdS/Cu_7S_4$-4和$CdS/Cu_7S_4$-5的直接带隙值分别为2.44eV、2.41eV、2.37eV、2.32eV、2.12eV和1.61eV，样品带隙值变化规律与漫反射吸收边界变化规律相一致。由此方法估算出CdS的直接带隙值与文献中报道的值很接近，对比样品CdS和CdS/Cu_7S_4-5，带隙值从2.44eV减小到1.61eV，较窄的带隙更有利于光生电子—空穴对的生成，进而提升了样品的光催化性能。

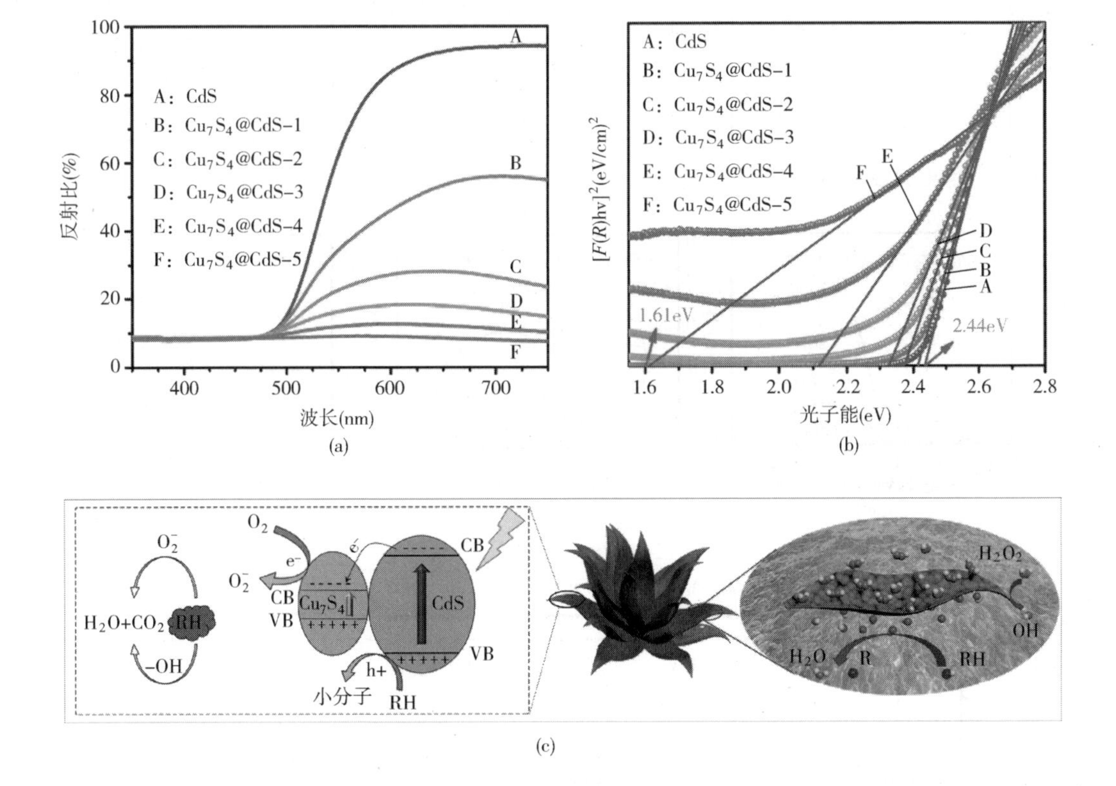

图6-15　样品作用机理图

（a）CdS及CdS/Cu_7S_4纳米材料的UV-Vis漫反射光谱；（b）Kubelka-Munk公式转换漫反射用于估算不同样品的直接带隙值；（c）CdS/Cu_7S_4催化剂协同催化机理示意图

6.2.3.4　不同样品的电化学表征

6.2.3.4.1　Mott-Schottky测试

为了更好地了解铜离子置换对已制备的纳米材料价带结构的影响，对所有的样品进行了Mott-Schottky测试，测试条件为0.2mol/L Na_2SO_4为电解液，pH=7。如图6-16所示，饱和甘汞电极（SCE）下估测出的不同样品的电势：CdS为-0.61eV，CdS/Cu_7S_4-1为-0.59eV，CdS/Cu_7S_4-2为-0.59eV，CdS/Cu_7S_4-3为-0.56eV，CdS/Cu_7S_4-4为-0.62eV，CdS/Cu_7S_4-5为-0.60eV。在pH=7时，通过$E_{NHE}=E_{SCE}+0.197eV$公式将饱和甘汞电极下的电势转换成标准氢电极（NHE）下的导带电势，标准氢电极下的导带电势值：CdS为-0.413eV，CdS/Cu_7S_4-1为-0.393eV，CdS/Cu_7S_4-2为-0.393eV，CdS/Cu_7S_4-3为-0.363eV，CdS/Cu_7S_4-4为-0.423eV，CdS/

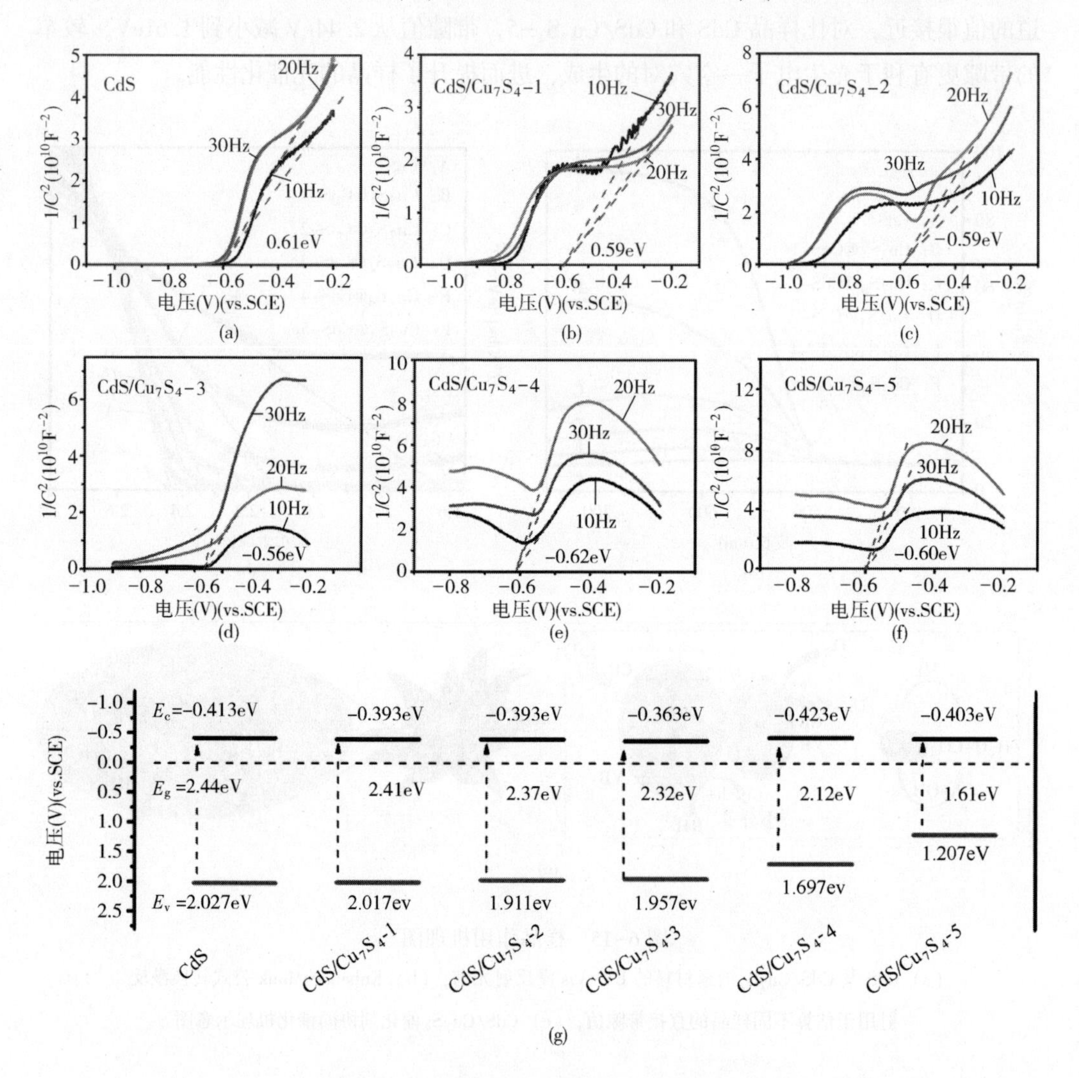

图6-16 不同样品的Mott-Schottky曲线

（a）CdS；（b）CdS/Cu_7S_4-1；（c）CdS/Cu_7S_4-2；（d）CdS/Cu_7S_4-3；
（e）CdS/Cu_7S_4-4和（f）CdS/Cu_7S_4-5；（g）不同样品的价带和导带电势分布图

Cu_7S_4-5 为-0.403eV。由此可见，在铜离子置换过程中，已制备纳米材料的导带及价带电势位置均发生改变。

6.2.3.4.2　光电流和光致发光测试

室温下测得的光致发光光谱（PL）可用于研究分析不同材料的光学性能，如图 6-17（c）所示，在 450nm 的激发波长下，测得样品均在 556nm 附近有一个相似的 PL 发射峰，而随着样品中铜离子含量的增加，发射峰的峰强逐渐变弱。PL 峰强的减弱表示光生电子—空穴复合率减小，从而提升参与光催化反应的载流子效率。为了进一步了解半导体材料中光生电子—空穴分离情况和载流子传递效率，对所有样品进行了光电流测试，如图 6-17（a）和图（b）所示，样品 CdS/Cu_7S_4-5 的光电流密度明显高于其他样品，表明 CdS/Cu_7S_4-5 光催化剂在可见光下的光生电子—空穴对分离率较高，载流子传递效率最高，光催化性能最好。

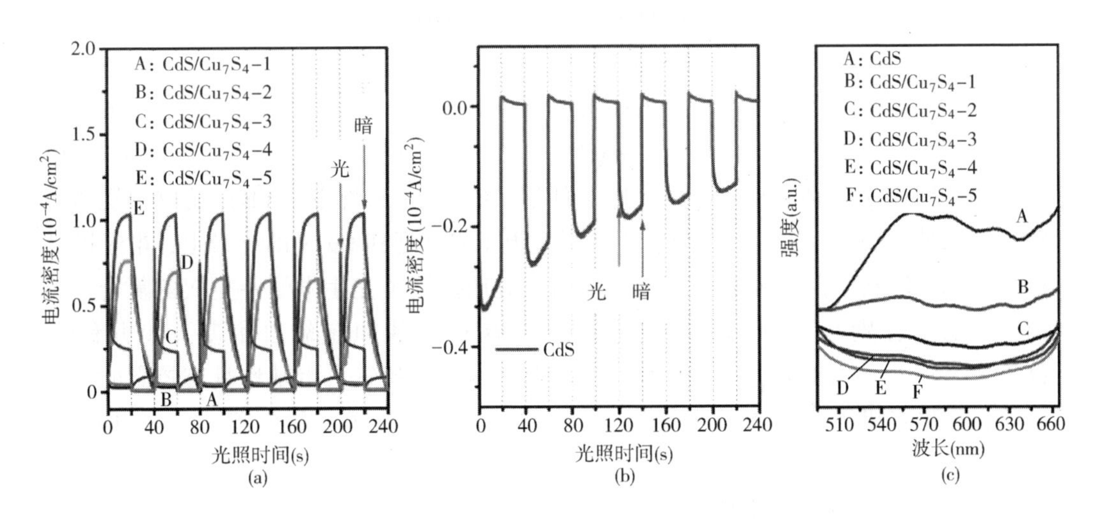

图 6-17　光电流和光致发光测试图

（a）CdS/Cu_7S_4复合材料的光电流相应信号图；

（b）CdS 纳米材料的光电流相应信号图；（c）不同样品的光致发光光谱图

6.2.3.5　CdS 纳米材料和 CdS/Cu_7S_4复合材料的催化性能表征

6.2.3.5.1　催化剂的光催化反应机理和类芬顿反应机理

三维分等级百合花状 CdS/Cu_7S_4复合材料具有较大的比表面积和丰富的活性位点，可用作降解有机染料如亚甲基蓝（MB）、罗丹明 B（RB）溶液的高效催化剂。图 6-15（c）为 CdS/Cu_7S_4复合材料作为催化剂的催化机理示意图，在无光条件下，主要依赖于铜离子催化加速双氧水裂解生成的羟基自由基将亚甲基蓝和罗丹明 B 有机大分子氧化分解成 H_2O 和 CO_2等小分子，此过程涉及的反应如下：

$$Cu^{2+}+H_2O_2 \longrightarrow H^++CuOOH^+ \quad (6-12)$$

$$CuOOH^+ \longrightarrow HOO\cdot + Cu^+ \quad (6-13)$$

$$Cu^+ + H_2O_2 \longrightarrow Cu^{2+} + OH^- + \cdot OH \quad (6-14)$$

$$RH + \cdot OH \longrightarrow \text{小分子} \quad (6-15)$$

如方程式（6-12）所示，Cu^{2+}与 H_2O_2 反应生成 $CuOOH^+$，随后 $CuOOH^+$分解生成的 Cu^+可被 H_2O_2 氧化成 Cu^{2+}。铜离子与双氧水组成的具有强氧化性的体系被称为类芬顿试剂，有机染料溶液的降解效率与羟基自由基的生成速率成呈正相关，因此，由于引入铜离子后加速双氧水分解，染料降解速率得到极大提高，具有高氧化活性的羟基自由基与有机染料大分子作用生成小分子，如方程式（6-15）所示。在光照条件下，类芬顿催化与光催化将同时发生，光催化过程涉及的方程如下：

$$CdS/Cu_7S_4 \longrightarrow e^- + h^+ \quad (6-16)$$

$$O_2 + e^- \longrightarrow \cdot O_2^- \quad (6-17)$$

$$H_2O_2 + e^- \longrightarrow \cdot OH + OH^- \quad (6-18)$$

$$\cdot O_2^- + RH \longrightarrow \text{小分子} \quad (6-19)$$

$$\cdot OH + RH \longrightarrow \text{小分子} \quad (6-20)$$

$$h^+ + RH \longrightarrow \text{小分子} \quad (6-21)$$

如方程式（6-16）所示，在光照条件下，CdS/Cu_7S_4价带（VB）的电子受激发跃迁到导带（CB），随后 CdS 导带上的激发电子将跃迁到 Cu_7S_4的导带上，电子跃迁产生的空穴依然留在 CdS 的价带上，从而有效地抑制了光生电子—空穴的复合。分离出的电子分别与 H_2O_2 和 O_2 反应形成羟基自由基和超氧自由基，如方程式（6-17）~式（6-18）所示，光生空穴、羟基自由基和超氧自由基均具有较高的氧化电位，可将有机大分子氧化分解成 H_2O 和 CO_2 等小分子，如方程式（6-19）~式（6-21）所示。

6.2.3.5.2 自由基捕获实验

为了确定有机染料溶液降解过程中起主要作用的活性自由基，进行了自由基捕获实验。如图 6-18 所示，加入空穴捕获剂 Na_2-EDTA 后，有机染料（MB）溶液降解速率是最慢的，表明在染料降解过程中空穴起主要作用。除添加空穴捕获剂外，当加入羟基自由基捕获剂 IPA 后，MB 溶液降解速率最低，表明在有机染料降解过程中羟基自由基的作用仅次于空穴。当加入超氧自由基捕获剂苯醌（BQ）后，与无捕获剂添加时的降解速率相近，此结果表明有机染料降解过程中起主要作用的为空穴与羟基自由基。

6.2.3.5.3 不同样品在紫外光照下降解 MB 溶液

在无催化剂存在时，H_2O_2 在有机染料溶液中的裂解速率非常慢。随着研究的深入，紫外光的引入使芬顿反应中 H_2O_2 的分解急剧加速，氧化性能显著提升。已制备样品的降解性能通过图 6-19（a）~（f）的 UV-vis 吸收光谱表征出来，所有的降解

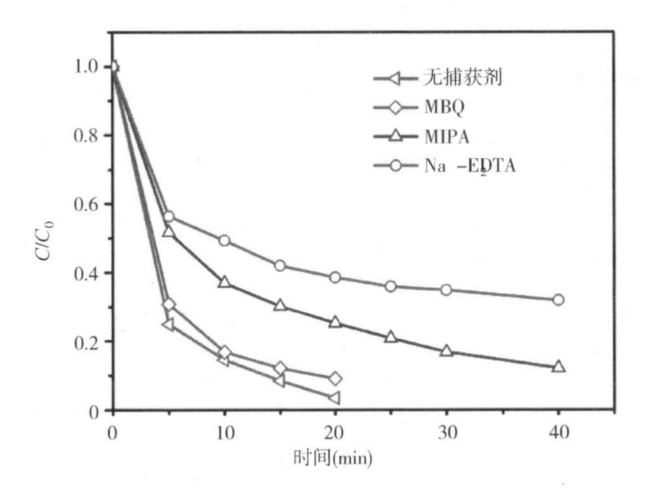

图 6-18　CdS/Cu_7S_4-5 为催化剂时，不同捕获剂对 MB 溶液降解速率的影响

实验均在紫外光照下进行，且加入一定量的 H_2O_2。图 6-19（a）显示，在光照 280min 后，MB 溶液降解至接近无色，表明纯 CdS 作为催化剂时的降解性能很不理想。主要是 CdS 表面光生载流子的快速结合。图 6-19（b）～（f）为通过离子置换制备的 CdS/Cu_7S_4复合材料为催化剂降解 MB 溶液的 UV-vis 吸收曲线图，由图 6-19（b)可看出，在相同实验条件下，相比于纯的 CdS 为催化剂，CdS/Cu_7S_4为催化剂降解 MB 溶液至接近于无色的时间缩短了四倍。此结果表明，在降解有机染料溶液时，CdS/Cu_7S_4复合材料的光催化和类芬顿催化的协同作用效果远比纯 CdS 催化剂单一的光催化性能效果好。如图 6-19（a）～（f）所示，随着 Cu_7S_4组分增加，降解 MB 至接近于无色的时间逐渐缩短。CdS/Cu_7S_4-1、CdS/Cu_7S_4-2、CdS/Cu_7S_4-3、CdS/Cu_7S_4-4 和 CdS/Cu_7S_4-5 为催化剂降解亚甲基蓝溶液至接近于无色的时间分别为 65min、50min、45min、35min 和 20min。图 6-19（g）为不同催化剂对 MB 的降解速率曲线，在相同条件下，光照 20min 后，CdS、CdS/Cu_7S_4-1、CdS/Cu_7S_4-2、CdS/Cu_7S_4-3、CdS/Cu_7S_4-4 和 CdS/Cu_7S_4-5 为催化剂作用时 MB 溶液的脱色率分别为 15%、44%、63%、74%、76%和 98%。

为了进一步研究降解反应过程中的动力学，通过以下方程计算一级反应速率常数：

$$\ln (C_0/C) = Kt \tag{6-22}$$

式中：K 为一级反应速率常数；C_0为 MB 溶液的初始浓度；C 为某一时间下的 MB 溶液浓度。

如图 6-19（h）所示，CdS、CdS/Cu_7S_4-1、CdS/Cu_7S_4-2、CdS/Cu_7S_4-3、CdS/Cu_7S_4-4 和 CdS/Cu_7S_4-5 为催化剂下一级反应速率常数分别为 0.008min^{-1}、0.039min^{-1}、0.058min^{-1}、0.076min^{-1}、0.086min^{-1}和 0.168min^{-1}。

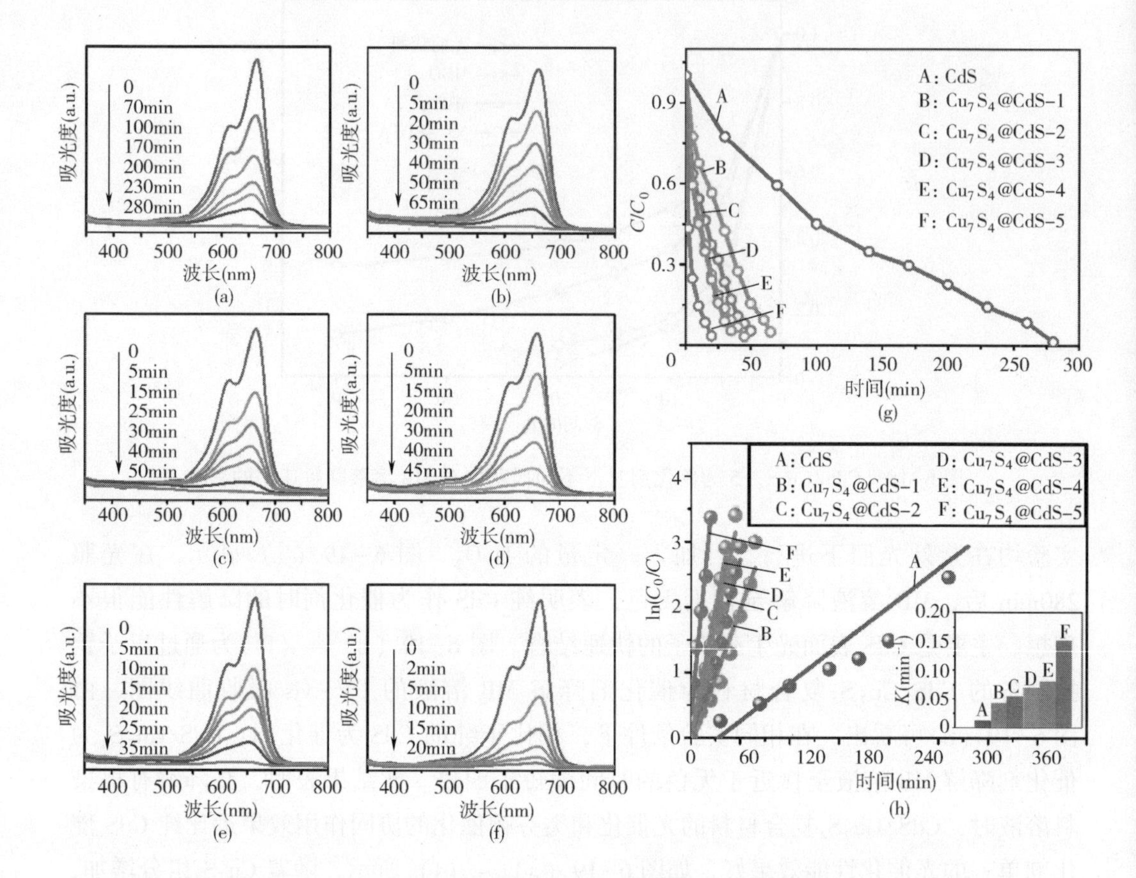

图 6-19　紫外光照下，不同催化剂催化作用下 MB 溶液随时间变化的 UV-vis 吸收曲线

（a）CdS；（b）CdS/Cu_7S_4-1；（c）CdS/Cu_7S_4-2；（d）CdS/Cu_7S_4-3；

（e）CdS/Cu_7S_4-4；（f）CdS/Cu_7S_4-5；（g）降解速率与照射时间相关的曲线图；

（h）降解 MB 的动力学研究（插图为样品的一级反应速率常数）

6.2.3.5.4　不同样品在紫外光照下降解 RB@MB 溶液

CdS/Cu_7S_4复合材料卓越的降解性能不仅只适应于单一组分的染料溶液，在混合多组分染料溶液降解中依然具有良好的性能。图 6-20（a）~（f）为不同催化剂降解双组分 RB@ MB 染料的 UV-vis 吸收曲线。如图 6-20（e）所示，在相同条件下，光照 15min 后，CdS、CdS/Cu_7S_4-1、CdS/Cu_7S_4-2、CdS/Cu_7S_4-3、CdS/Cu_7S_4-4 和 CdS/Cu_7S_4-5 为催化剂作用时双组分 RB@ MB 溶液的脱色率分别为 5%、57.45%、72.34%、72.77%、87.23%和 97.87%。如图 6-20（h），计算出 CdS、CdS/Cu_7S_4-1、CdS/Cu_7S_4-2、CdS/Cu_7S_4-3、CdS/Cu_7S_4-4 和 CdS/Cu_7S_4-5 为催化剂时一级反应速率常数，分别为 0.027min^{-1}、0.058min^{-1}、0.067min^{-1}、0.076min^{-1}、0.148min^{-1}和 0.245min^{-1}。CdS/Cu_7S_4复合材料卓越的催化性能归因于以下三点：特殊三维分等

级百合花状纳米结构、带隙调控、光催化与类芬顿催化的协同效应。

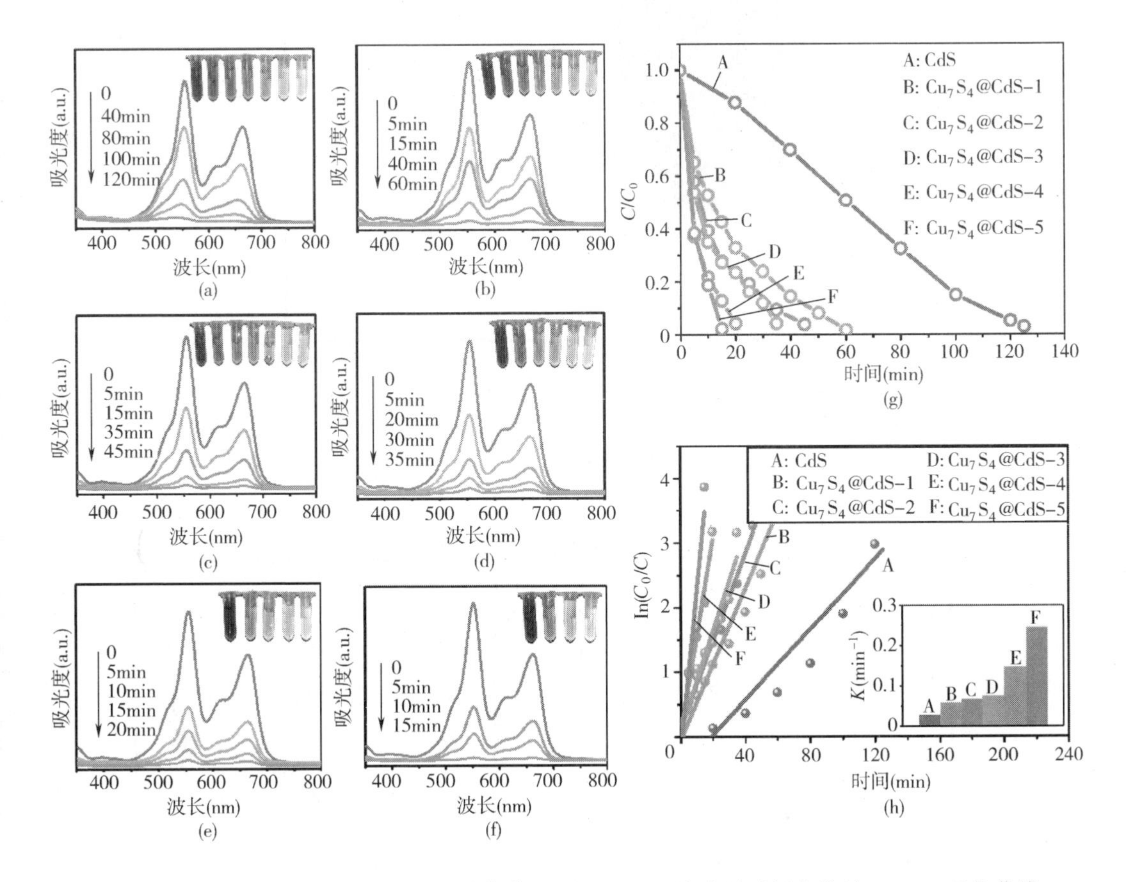

图 6-20　紫外光照下，不同催化剂催化作用下 RB@ MB 溶液随时间变化的 UV-vis 吸收曲线

（a）CdS；（b）CdS/Cu_7S_4-1；（c）CdS/Cu_7S_4-2；（d）CdS/Cu_7S_4-3；

（e）CdS/Cu_7S_4-4；（f）CdS/Cu_7S_4-5；（g）降解速率与照射时间相关的曲线图；

（h）降解 RB@ MB 的动力学研究（插图为样品的一级反应速率常数）

为了进一步证明材料结构与组分对催化性能的重要影响，进行对照实验。通过传统的合成方法制备得到一种硫化铜纳米材料，通过图 6-21 的 XRD 谱图分析确认该硫化铜为 $Cu_{1.97}S$ 插图反应形貌。

如图 6-22 所示，对纳米材料 CdS/Cu_7S_4-5 和 $Cu_{1.97}S$ 进行氮气吸脱附等温线和孔径分布测试。相比于百合花状的 CdS/Cu_7S_4纳米结构，$Cu_{1.97}S$ 纳米结构由片状和块状组成，具有较小的比表面积和较少的活性位点。相同条件下，以纳米材料 $Cu_{1.97}S$ 为催化剂对 MB 染料溶液进行降解测试，$Cu_{1.97}S$ 为催化剂时需要 30min 才能将 MB 溶液降解至接近于无色，降解双组分 RB@ MB 染料溶液至接近于无色需要 25min。降解实验结果表明材料结构与组分对性能具有重要影响。

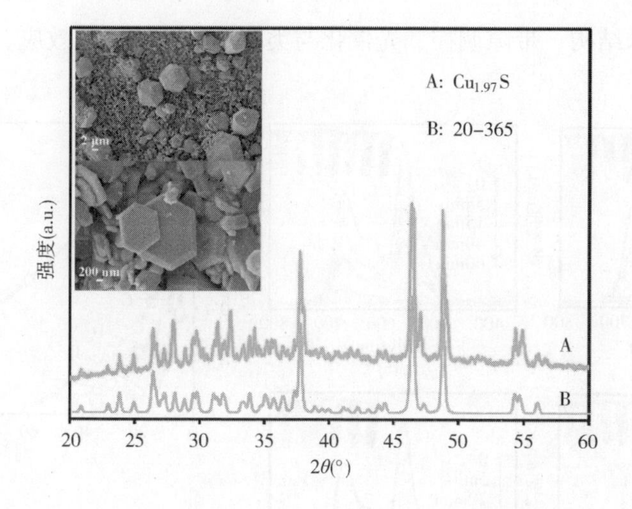

图 6-21　$Cu_{1.97}S$ 的 XRD 图谱（插图为 $Cu_{1.97}S$ 的 SEM 图）

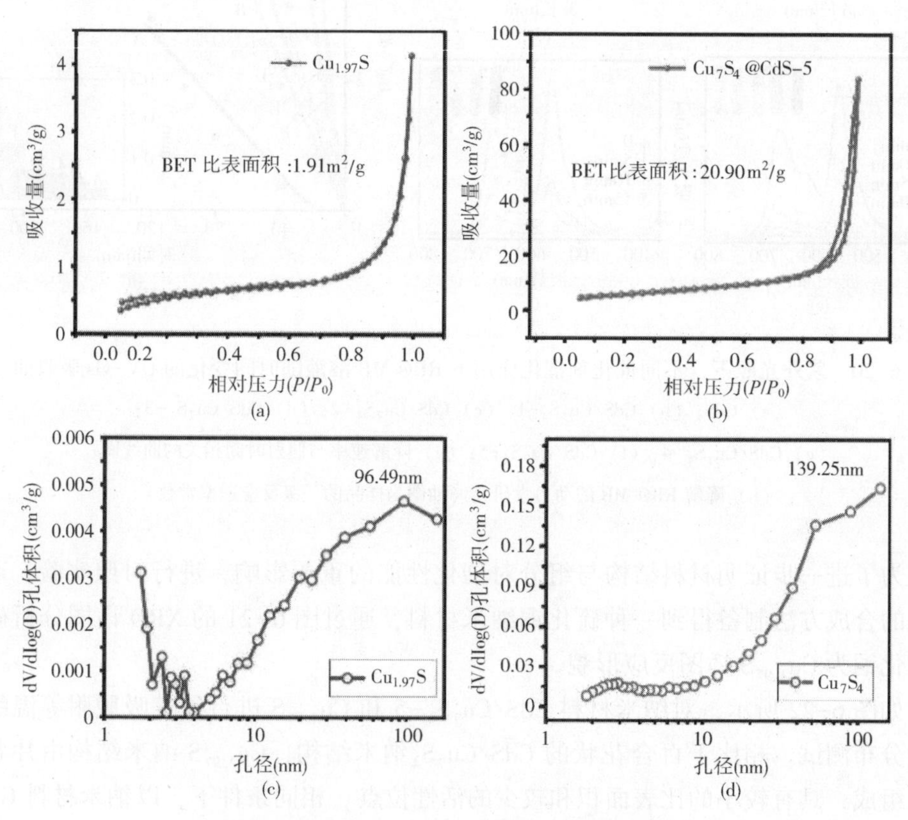

图 6-22　$Cu_{1.97}S$ 和 Cu_7S_4@CdS-5 的 BET 图像

氮气吸附-脱附等温线（a）$Cu_{1.97}S$；（b）CdS/Cu_7S_4-5；

孔径分布（c）$Cu_{1.97}S$；（d）CdS/Cu_7S_4-5

另外，为了探索光照条件、染料组分及双氧水含量对材料催化性能的影响，进行了以下一系列染料降解实验测试。

6.2.3.5.5　CdS/Cu_7S_4-5 在不同条件下降解 MB 溶液

图 6-23（a）、（b）分别为 CdS/Cu_7S_4-5 为催化剂在有光和无光条件下降解 MB 染料的吸附曲线，图 6-23（c）为无催化剂时的曲线。如图 6-23（d），可见光照射下，选 CdS/Cu_7S_4-5 为催化剂的 MB 溶液脱色情况，5min 脱色率 50.30%，10min 脱色率 63.01%，15min 脱色率 74.28%，20min 脱色率 83.24%，25min 脱色率 90.46%，30min 脱色率 94.22%。无光照条件下，选 CdS/Cu_7S_4-5 为催化剂的 MB 脱色情况，5min 脱色率 41.79%，10min 脱色率 61.19%，15min 脱色率 71.64%，20min 脱色率 78.21%，25min 脱色率 83.28%，30min 脱色率 85.22%，35min 脱色率 89.25%，40min 脱色率 91.04%，45min 脱色率 92.54%。无催化剂作用时，紫外光照下的 MB 脱色率为：30min 脱色率 16.12%，60min 脱色率 29.55%，90min 脱色率 43.28%，120min 脱色率 54.03%，150min 脱色率 63.58%，180 脱色率 72.24%，210min 脱色率 80.60%，240min 脱色率 88.06%，280min 脱色率 95.52%。如图 6-23（e），计算得出可见光照射下、无光照下和无催化剂下降解 MB 的一级反应速率常数分别为 0.0903min^{-1}、0.0547min^{-1}和 0.0101min^{-1}。用可见光代替紫外光后，降解性能有所下降，主要是由于可见光光能较紫外光光能弱，削弱了协同效应中的光催化与类芬顿催化性能。在无光照条件下，降解性能进一步被削弱，而对比于无催化剂存在时的降解性能，CdS/Cu_7S_4-5 复合材料在无光条件下的类芬顿反应依然具有很好的降解性能。因此，照射光源不同对催化剂降解性能具有一定影响，但即使在无光条件下，CdS/Cu_7S_4-5 复合材料依然具有较好的类芬顿催化性能。

6.2.3.5.6　CdS/Cu_7S_4-5 在不同条件下降解 RB 溶液

图 6-24（a）～（c）分别为 CdS/Cu_7S_4-5 为催化剂在紫外光、可见光和无光照射下降解 RB 染料溶液的吸附曲线，图 6-24（d）为无催化剂时的曲线。如图 6-24（e），紫外光照下，CdS/Cu_7S_4-5 为催化剂降解 RB 溶液的脱色率：5min 脱色率为 47.11%，10min 脱色率为 71.05%，15min 脱色率为 86.32%，20min 脱色率为 93.95%。可见光照下，CdS/Cu_7S_4-5 为催化剂降解 RB 溶液的脱色率：5min 脱色率为 41.58%，10min 脱色率为 63.16%，15min 脱色率为 81.32%，20min 脱色率为 84.74%，25min 脱色率为 89.74%，30min 脱色率为 92.11%，35min 脱色率为 94.47%。无光照下，CdS/Cu_7S_4-5 为催化剂降解 RB 溶液的脱色率：5min 脱色率为 38.97%，10min 脱色率为 60.61%，15min 脱色率为 69.23%，25min 脱色率为 79.49%，30min 脱色率为 82.31%，40min 脱色率为 86.67%，50min 脱色率为 89.74%。无催化剂作用时，紫外光照下 RB 溶液的脱色率：30min 脱色率为 42.11%，60min 脱色率为 73.16%，90min 脱色率为 86.84%，120min 脱色率为

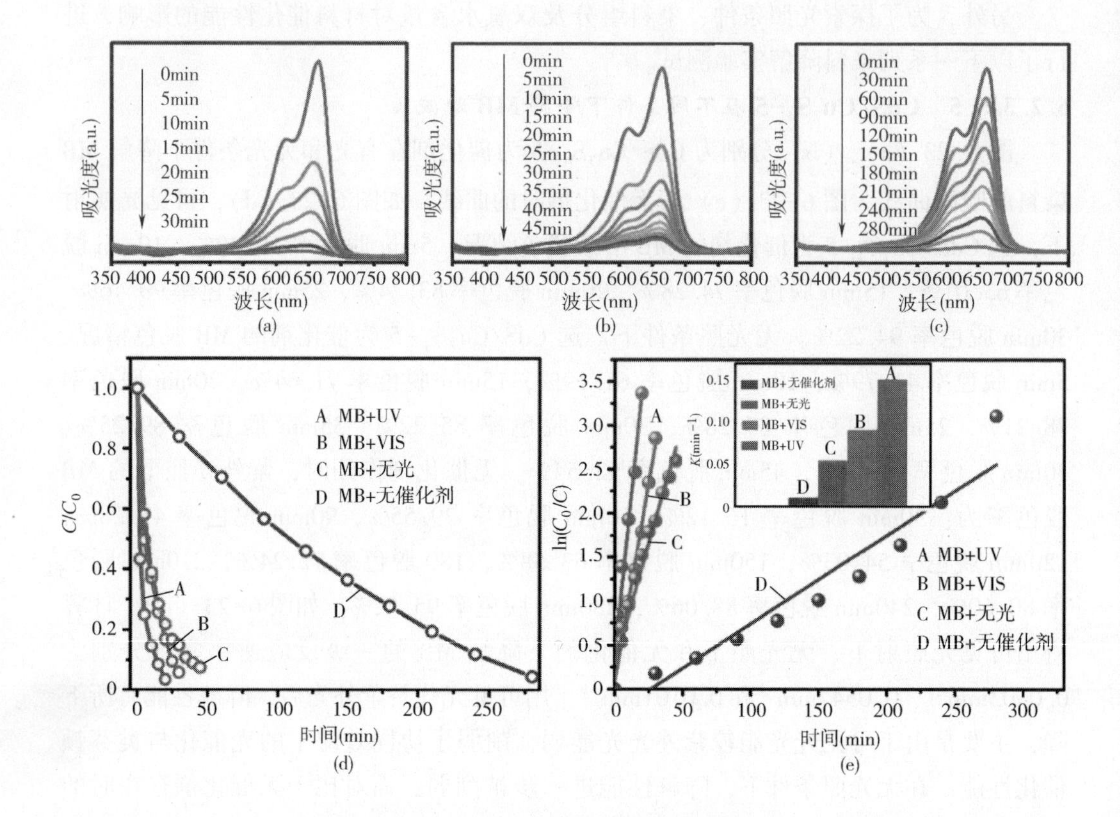

图 6-23　CdS/Cu_7S_4的催化降解性能

（a）CdS/Cu_7S_4-5 为催化剂，可见光照射下降解 MB 染料溶液的吸附曲线；

（b）CdS/Cu_7S_4-5 为催化剂，无光照射下降解 MB 染料溶液的吸附曲线；

（c）无催化剂存在，紫外光照射下降解 MB 染料溶液的吸附曲线；（d）不同条件下降解速率与时间相关曲线；

（e）降解 MB 的动力学研究：插图为不同降解条件下一级反应速率常数

94.21%，150min 脱色率为 95.52%。图 6-24（f）所示，计算出不同条件下的一级反应速率常数为：紫外光照下 $k=0.1392\text{min}^{-1}$，可见光照下 $k=0.0817\text{min}^{-1}$，无光照下 $k=0.0429\ \text{min}^{-1}$，无催化剂时 $k=0.0221\text{min}^{-1}$。因此，CdS/Cu_7S_4-5 复合材料的催化性能受光照影响规律不只适用于 MB 溶液，对降解 RB 溶液具有同样良好的性能。

6.2.3.5.7　CdS/Cu_7S_4-5 在不同条件下降解 RB@MB 溶液

图 6-25（d）所示，在可见光照下，以 CdS/Cu_7S_4-5 为催化剂降解 RB@MB 溶液的脱色率：5min 脱色率为 46.28%，10min 脱色率为 74.79%，15min 脱色率为 88.43%，20min 脱色率为 92.98%。无光照下，以 CdS/Cu_7S_4-5 为催化剂降解 RB@MB 溶液的脱色率：5min 脱色率为 58.33%，10min 脱色率为 66.67%，15min 脱色率为 81.06%，20min 脱色率为 86.74%，25min 脱色率为 89.40%，30min 脱色率为

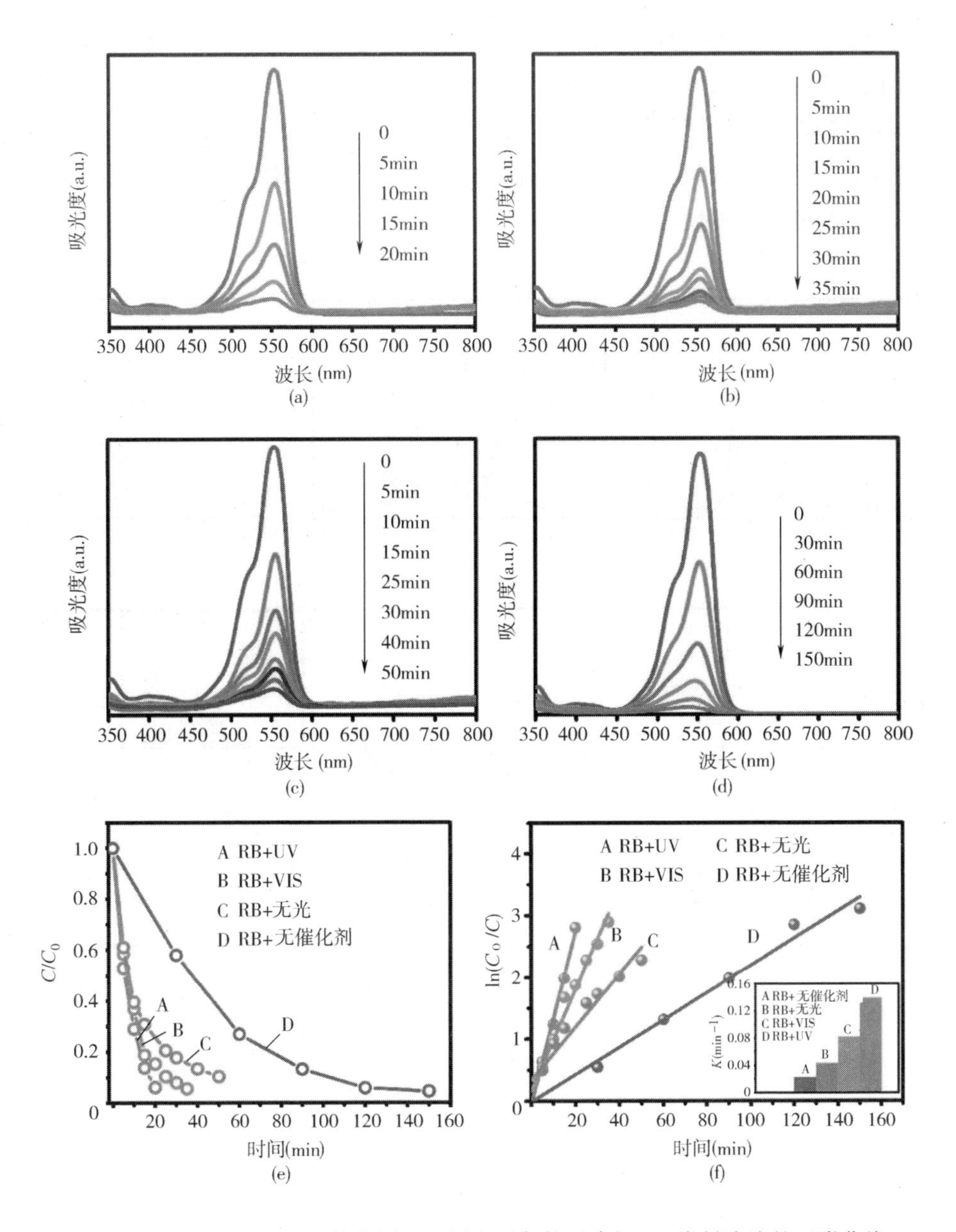

图 6-24　CdS/Cu_7S_4-5 为催化剂，不同光照条件下降解 RB 染料溶液的吸附曲线

（a）紫外光照射下；（b）可见光照射下；（c）无光照下；

（d）无催化剂存在，紫外光照射下降解 RB 染料溶液的吸附曲线；

（e）不同条件下降解速率与时间相关曲线；

（f）降解 MB 的动力学研究（插图为不同降解条件下一级反应速率常数）

91.67%。无催化剂作用时，紫外光照下降解 RB@MB 的脱色率：20min 脱色率为 28.03%，40min 脱色率为 48.48%，60min 脱色率为 62.12%，80min 脱色率为

7500%，100min 脱色率为 84.47%，120min 脱色率为 90.53%。图 6-25（e）为计算得出的不同降解反应条件下的一级反应速率常数：可见光下 $k=0.1369\ min^{-1}$，无光照下 $k=0.0794min^{-1}$，无催化剂作用时 $k=0.0194min^{-1}$。因此，CdS/Cu_7S_4-5 复合材料不仅对单一组分的染料溶液具有较好的催化降解性能，对混合双组分染料溶液一样具有较好的催化降解性能。

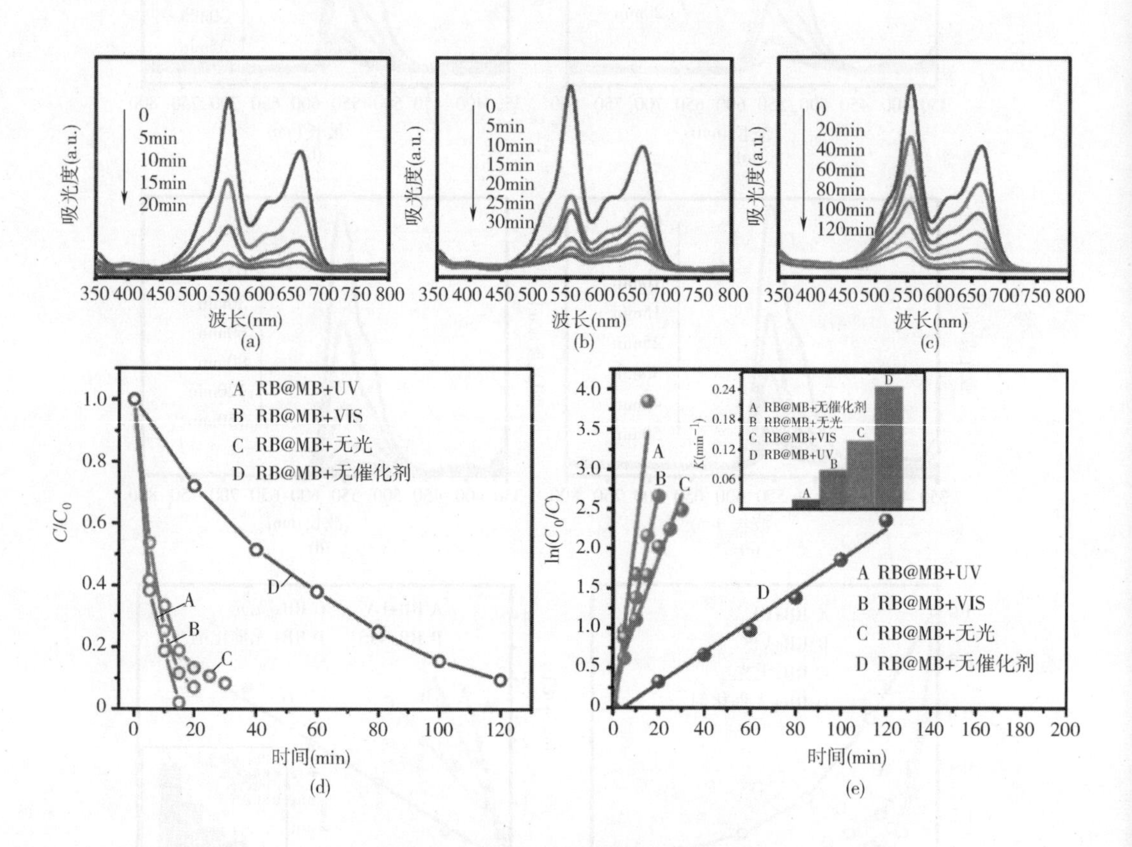

图 6-25　样品对染料降解性能测试

（a）CdS/Cu_7S_4-5 为催化剂，可见光照射下降解 RB@ MB 染料溶液的吸附曲线；

（b）CdS/Cu_7S_4-5 为催化剂，无光照射下降解 RB@ MB 染料溶液的吸附曲线；

（c）无催化剂存在，紫外光照射下降解 RB@ MB 染料溶液的吸附曲线；

（d）不同条件下降解速率与时间相关曲线；（e）降解 RB@ MB 的动力学研究：

插图为不同降解条件下一级反应速率常数

6.2.3.5.8　H_2O_2 对降解实验的影响

无 H_2O_2 添加时，CdS/Cu_7S_4-5 在紫外光下降解 MB 溶液的溶液吸收曲线如图 6-26（a）。如图 6-26（b）所示，降解反应体系中无 H_2O_2 存在时，MB 溶液脱色率：5min 脱色率 11.69%，10min 脱色率为 13.77%，20min 脱色率为 14.81%，

40min 脱色率为 19.22%，60min 脱色率为 22.08%，80min 脱色率为 27.27%，100min 脱色率为 27.79%。图 6-26（c），计算出一级反应速率常数 $k = 0.0027\text{min}^{-1}$。因此，$H_2O_2$ 的存在不仅加剧了 CdS/Cu_7S_4-5 复合材料的光催化性能，还引入了类芬顿催化，实现了 CdS/Cu_7S_4-5 复合材料作为催化剂的协同催化作用。

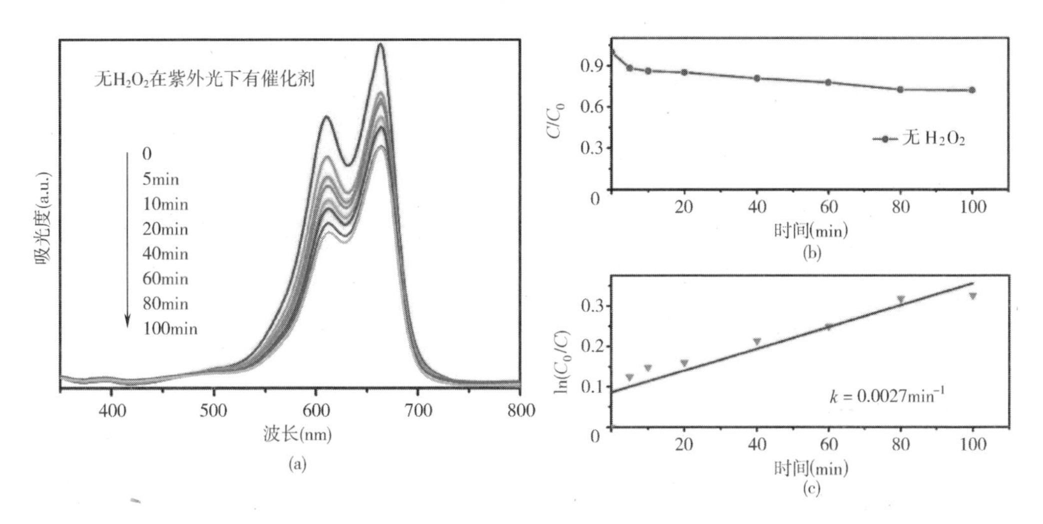

图 6-26　无 H_2O_2 添加时，CdS/Cu_7S_4-5 在紫外光下降解 MB 溶液

（a）溶液紫外可见吸光度曲线；（b）降解速率与时间相关曲线；（c）降解反应的动力学研究

图 6-27 为收集反应后的 CdS/Cu_7S_4-5 的 SEM 图，经过剧烈的降解反应后，催化剂的微观结构依然能维持，表明催化剂具有较好的化学稳定性。

图 6-27　降解反应后 CdS/Cu_7S_4-5 的 SEM 图

6.2.4　结论

总之，本章介绍了通过离子置换法成功实现了三维分等级百合花状 CdS/Cu_7S_4 纳米复合材料的构筑，在离子置换反应中模板材料框架结构遗传过程中，纳米结构上

的变化进一步增大 CdS/Cu_7S_4复合材料的比表面积，丰富材料表面活性位点。CdS/Cu_7S_4复合材料具有光催化和类芬顿催化的双重效应，在有机染料降解实验中，CdS/Cu_7S_4复合材料为催化剂的脱色时间是纯 CdS 纳米材料的十倍，进一步证明离子置换法有效地优化了纳米材料的性能。